essentials

Thorsten Holm

Modulare Arithmetik

Von den ganzen Zahlen zur
Kryptographie

Thorsten Holm
Institut für Algebra, Zahlentheorie und
Diskrete Mathematik,
Leibniz Universität Hannover
Hannover, Deutschland

ISSN 2197-6708   ISSN 2197-6716   (electronic)
essentials
ISBN 978-3-658-31945-8   ISBN 978-3-658-31946-5   (eBook)
https://doi.org/10.1007/978-3-658-31946-5

Die Deutsche Nationalbibliothek verzeichnet diese Publikation in der Deutschen Nationalbibliografie; detaillierte bibliografische Daten sind im Internet über http://dnb.d-nb.de abrufbar.

Planung/Lektorat: Iris Ruhmann
Springer Spektrum ist ein Imprint der eingetragenen Gesellschaft Springer Fachmedien Wiesbaden GmbH und ist ein Teil von Springer Nature.
Die Anschrift der Gesellschaft ist: Abraham-Lincoln-Str. 46, 65189 Wiesbaden, Germany

Was Sie in diesem *essential* finden können

- Eine Einführung in die modulare Arithmetik, die mit recht wenig Vorkenntnissen zugänglich und mit vielen Beispielen illustriert ist.
- Einen Rückblick auf den Zahlbereich der ganzen Zahlen und eine ausführliche Behandlung der Teilbarkeit.
- Den Euklidischen Algorithmus zur Berechnung eines größten gemeinsamen Teilers.
- Grundlegende Eigenschaften von Primzahlen.
- Die Einteilung der ganzen Zahlen in Restklassen modulo einer natürlichen Zahl. Neue Zahlbereiche $\mathbb{Z}_n$ mit endlich vielen Elementen und eine ausführliche Behandlung ihrer Rechenregeln.
- Teilbarkeitsregeln für ganze Zahlen und ihre Begründung mit Hilfe der modularen Arithmetik.
- Lösungsverfahren für simultane Kongruenzen und den Chinesischen Restsatz.
- Die Eulersche φ-Funktion und ihre Anwendung beim effizienten Rechnen in den Zahlbereichen $\mathbb{Z}_n$.
- Eine Beschreibung des für viele moderne Anwendungen grundlegenden RSA-Verschlüsselungsverfahrens.

Vorwort

Bereits in den ersten Jahren des Mathematikunterrichts in den Schulen werden natürliche Zahlen mit Rest dividiert. Dies ist der Startpunkt der modularen Arithmetik, des Rechnens modulo n. Diesem Thema werden aber auch später fast alle Studierenden an der Universität wieder begegnen, deren Studiengang größere Anteile von Mathematik beinhaltet, auf jeden Fall aber alle Studierenden der Mathematik und der Informatik, auch im Lehramt. Das Rechnen modulo n liefert neue Zahlbereiche mit endlich vielen Elementen und teilweise überraschenden Rechenregeln.

Die modulare Arithmetik ist aber nicht nur ein schönes Thema innerhalb der Mathematik, sondern hat enorme Bedeutung für viele moderne Anwendungen. Computer rechnen mit Bits und benutzen dabei die Arithmetik modulo 2. Viele Verfahren aus dem Bereich Verschlüsselung und Datensicherheit beruhen auf der modularen Arithmetik.

Dieses Büchlein soll eine erste Einführung in dieses spannende Thema geben. Wir starten mit dem aus der Schule bekannten Zahlbereich der ganzen Zahlen und entwickeln den Stoff ausführlich und ohne weitere konkrete Vorkenntnisse vorauszusetzen. Allerdings ist eine gewisse Vertrautheit mit der mathematischen Denkweise und der Art von mathematischer Argumentation nützlich, denn wir geben durchweg für alle Resultate auch vollständige Beweise. Ein wichtiger Bestandteil der Präsentation sind zahlreiche Beispiele, durch die die Resultate und Methoden illustriert und konkretisiert werden.

Obwohl wir nur recht wenig Vorkenntnisse voraussetzen, gelingt es, zum Abschluss dieses schmalen Bandes als Anwendung die Grundidee eines der wichtigsten modernen Verschlüsselungsverfahren, des RSA-Verfahrens, zu behandeln.

Natürlich können diese gut 40 Seiten keine umfassende Abhandlung der modularen Arithmetik liefern. Viele Aspekte, von elementaren Beobachtungen bis hin zu tieferen Resultaten und offenen Fragen, bleiben notwendigerweise unerwähnt.

Das Ziel dieses Buches ist eine knappe, aber doch gut lesbare, Einführung in das Gebiet, die für eine breite mathematisch interessierte Leserschaft zugänglich ist. Für die hoffentlich vielen Leserinnen und Leser, die nach der Lektüre dieses Büchleins Spaß an dem Thema gefunden haben und noch mehr wissen wollen, steht eine umfangreiche weiterführende Literatur in Bereichen wie Zahlentheorie und Kryptographie bereit.

Hannover   Thorsten Holm
im September 2020

Inhaltsverzeichnis

Ganze Zahlen und Teilbarkeit   1

Wir bezeichnen mit $\mathbb{N} = \{1, 2, 3, \ldots\}$ die natürlichen Zahlen und benutzen die Notation $\mathbb{N}_0 = \mathbb{N} \cup \{0\}$, wenn die 0 hinzugenommen werden soll. Als bekannt setzen wir auch die ganzen Zahlen

$$\mathbb{Z} = \{\ldots, -3, -2, -1, 0, 1, 2, 3, \ldots\}$$

voraus. In dem Zahlbereich der ganzen Zahlen gibt es eine Addition

$$+ : \mathbb{Z} \times \mathbb{Z} \to \mathbb{Z}, \quad (a, b) \mapsto a + b$$

und eine Multiplikation

$$\cdot : \mathbb{Z} \times \mathbb{Z} \to \mathbb{Z}, \quad (a, b) \mapsto a \cdot b.$$

Es gelten die folgenden, aus der Schule bekannten, Rechenregeln für alle $a, b, c \in \mathbb{Z}$:

(R1) $a + (b + c) = (a + b) + c$ (Addition ist assoziativ).
(R2) $a + b = b + a$ (Addition ist kommutativ).
(R3)   Es existiert eine Zahl $0 \in \mathbb{Z}$, so dass $a + 0 = a = 0 + a$ für alle $a \in \mathbb{Z}$ (Neutralelement der Addition).
(R4)   Für jede Zahl $a \in \mathbb{Z}$ existiert eine Zahl $-a \in \mathbb{Z}$, so dass $a + (-a) = 0 = (-a) + a$ (Inverse Elemente der Addition).
(R5) $a \cdot (b \cdot c) = (a \cdot b) \cdot c$ (Multiplikation ist assoziativ).
(R6) $a \cdot b = b \cdot a$ (Multiplikation ist kommutativ).
(R7)   Es existiert eine Zahl $1 \in \mathbb{Z}$, so dass $a \cdot 1 = a = 1 \cdot a$ (Neutralelement der Multiplikation).
(R8) $a \cdot (b + c) = (a \cdot b) + (a \cdot c)$ und $(a + b) \cdot c = (a \cdot c) + (b \cdot c)$ (Distributivgesetze).

© Der/die Autor(en), exklusiv lizenziert durch Springer Fachmedien Wiesbaden   1
GmbH, ein Teil von Springer Nature 2020
T. Holm, *Modulare Arithmetik*, essentials,
https://doi.org/10.1007/978-3-658-31946-5_1

Bemerkung Aus den Grundregeln (R1)–(R8) lassen sich weitere bekannte Rechenregeln der ganzen Zahlen folgern:

(R9) Für alle $a \in \mathbb{Z}$ ist $a \cdot 0 = 0 = 0 \cdot a$.
      (Es ist $a \cdot 0 \stackrel{(R3)}{=} a \cdot (0 + 0) \stackrel{(R8)}{=} (a \cdot 0) + (a \cdot 0)$. Addition von $-(a \cdot 0)$ auf beiden Seiten liefert $0 = a \cdot 0$. Die andere Gleichung $0 = 0 \cdot a$ folgt daraus mit (R6).)

(R10) Für alle $a \in \mathbb{Z}$ ist $-a = (-1) \cdot a$.
       (Es ist $0 \stackrel{(R9)}{=} 0 \cdot a \stackrel{(R4)}{=} (1 + (-1)) \cdot a \stackrel{(R8)}{=} (1 \cdot a) + ((-1) \cdot a) \stackrel{(R7)}{=} a + ((-1) \cdot a)$. Addition von $-a$ auf beiden Seiten liefert $-a = (-1) \cdot a$.)

(R11) Für alle $a, n \in \mathbb{Z}$ ist $-(a \cdot n) = (-a) \cdot n = a \cdot (-n)$.
       (Es ist $-(a \cdot n) \stackrel{(R10)}{=} (-1) \cdot (a \cdot n) \stackrel{(R5)}{=} ((-1) \cdot a) \cdot n \stackrel{(R10)}{=} (-a) \cdot n$. Die andere Gleichung zeigt man analog.)

Im Folgenden werden wir der üblichen Konvention folgen und den Punkt bei der Multiplikation meist weglassen. Außerdem werden wir uns einige Klammern sparen, indem wir die bekannte Regel *Punktrechnung geht vor Strichrechnung* anwenden.

Zusätzlich haben wir im Zahlbereich $\mathbb{Z}$ der ganzen Zahlen noch die Relationen $\leq$ bzw. $<$ (kleiner oder gleich bzw. kleiner) und den Betrag

$$|.| : \mathbb{Z} \to \mathbb{N}_0, \quad |a| = \begin{cases} a & \text{für } a \geq 0 \\ -a & \text{für } a < 0 \end{cases}.$$

1.1   Teilbarkeit in den ganzen Zahlen

In diesem Abschnitt werden die grundlegenden Begriffe und Resultate zur Teilbarkeit im Zahlbereich $\mathbb{Z}$ der ganzen Zahlen behandelt.

Definition 1.1 (Teilbarkeit in $\mathbb{Z}$) Seien $a, b \in \mathbb{Z}$. Wir sagen, *a teilt b* (oder *a ist ein Teiler von b*), wenn es eine Zahl $n \in \mathbb{Z}$ gibt, so dass $b = an$. Notation: $a \mid b$. Ist a kein Teiler von b, so schreiben wir $a \nmid b$.

Ist a ein Teiler von b, so heisst die Zahl b *Vielfaches* von a. Die Menge aller Vielfachen von a bezeichnen wir mit $a\mathbb{Z} = \{am \mid m \in \mathbb{Z}\}$.

Beispiel Die Menge aller Teiler der Zahl 36 ist:

$$\{\pm 1, \pm 2, \pm 3, \pm 4, \pm 6, \pm 9, \pm 12, \pm 18, \pm 36\}.$$

Die Menge der Vielfachen von 36 ist die unendliche Menge

$$36\mathbb{Z} = \{0, \pm 36, \pm 72, \pm 108, \pm 144, \pm 180, \pm 216, \pm 252, \ldots\}.$$

Satz 1.2 *(Eigenschaften der Teilbarkeit) Seien $a, b, c \in \mathbb{Z}$. Dann gilt:*

(i) *$a \mid a$ und $1 \mid a$ und $a \mid 0$; aber $0 \nmid a$ für alle $a \neq 0$.*

(ii) *Wenn $a \mid b$, dann folgen $a \mid (-b)$ und $(-a) \mid b$ und $(-a) \mid (-b)$.*

(iii) *Wenn $a \mid b$, dann folgt $a \mid bc$.*

(iv) *Wenn $a \mid b$ und $b \mid c$, dann folgt $a \mid c$.*

(v) *Wenn $a \mid b$ und $a \mid c$, dann folgt $a \mid rb + sc$ für alle $r, s \in \mathbb{Z}$.*

(vi) *Wenn $a \mid b$, dann folgt $b = 0$ oder $|a| \leq |b|$.*

(vii) *Wenn $a \mid b$ und $b \mid a$, dann folgt $a = b$ oder $a = -b$.*

(viii) *Es gilt $a \mid b$ genau dann, wenn $b\mathbb{Z} \subseteq a\mathbb{Z}$.*

Beweis

(i) Nach (R7) gilt $a = a \cdot 1$ und $a = 1 \cdot a$, also folgt $a \mid a$ und $1 \mid a$ für alle $a \in \mathbb{Z}$.

Nach (R9) gilt $0 = a \cdot 0$ und daraus folgt $a \mid 0$ für alle $a \in \mathbb{Z}$.

Angenommen, $0 \mid a$, dann gibt es eine Zahl $n \in \mathbb{Z}$, so dass $a = 0 \cdot n = 0$. Also gilt $0 \nmid a$ für alle $a \neq 0$.

(ii) Ist $a \mid b$, so gibt es eine Zahl $n \in \mathbb{Z}$, so dass $b = an$. Multiplikation mit -1 liefert mit (R10) und (R11), dass $-b = -(an) = a(-n)$, also gilt $a \mid (-b)$. Die anderen Aussagen zeigt man analog.

(iii) Nach Voraussetzung existiert eine Zahl $n \in \mathbb{Z}$, so dass $b = an$. Multiplikation mit c liefert

$$bc = (an)c \overset{(R5)}{=} a(nc),$$

also folgt $a \mid bc$.

(iv) Nach Voraussetzung gibt es Zahlen $n, m \in \mathbb{Z}$, so dass $b = an$ und $c = bm$ ist. Einsetzen liefert

$$c = bm = (an)m \overset{(R5)}{=} a(nm),$$

also folgt $a \mid c$.

(v) Seien $r, s \in \mathbb{Z}$. Nach Voraussetzung gibt es Zahlen $n, m \in \mathbb{Z}$, so dass $b = an$ und $c = am$ ist. Dann erhalten wir

$$rb + sc \;=\; r(an) + s(am) \;\overset{(R5)}{=}\; (ra)n + (sa)m$$
$$\overset{(R6)}{=}\; (ar)n + (as)m \;\overset{(R5)}{=}\; a(rn) + a(sm) \;\overset{(R8)}{=}\; a(rn + sm)$$

und es folgt $a \mid rb + sc$.

(vi) Nach Voraussetzung gibt es eine Zahl $n \in \mathbb{Z}$, so dass $b = an$ ist. Falls $b = 0$, ist nichts zu zeigen, die Behauptung ist wahr. Sei also $b \neq 0$. Dann ist auch $n \neq 0$ (sonst wäre $b = an = a \cdot 0 = 0$). Für die Beträge folgt

$$|b| = |an| = |a| \cdot \underbrace{|n|}_{\geq 1} \geq |a|$$

und die Behauptung ist gezeigt.

(vii) Falls $a = 0$ oder $b = 0$, so folgt aus der Voraussetzung, dass $a = b = 0$ ist (siehe Teil (i)) und die Behauptung stimmt.

Sei also jetzt $a \neq 0$ und $b \neq 0$. Nach Teil (vi) folgt aus der Voraussetzung $|a| \leq |b|$ und $|b| \leq |a|$. Damit ist $|a| = |b|$, also $a = b$ oder $a = -b$.

(viii) Dies ist eine Äquivalenzaussage, es sind also zwei Richtungen (Implikationen) zu beweisen.

Sei zunächst a ein Teiler von b. Wir müssen zeigen, dass daraus $b\mathbb{Z} \subseteq a\mathbb{Z}$ folgt. Sei also $bm \in b\mathbb{Z}$ ein beliebiges Element. Nach Voraussetzung ist a ein Teiler von b, also gibt es eine Zahl $n \in \mathbb{Z}$, so dass $b = an$. Dann folgt

$$bm = (an)m \;\overset{(R5)}{=}\; a(nm) \in a\mathbb{Z}.$$

Also ist jedes Element von $b\mathbb{Z}$ auch ein Element von $a\mathbb{Z}$, es gilt also $b\mathbb{Z} \subseteq a\mathbb{Z}$. Sei nun umgekehrt $b\mathbb{Z} \subseteq a\mathbb{Z}$. Wir müssen zeigen, dass dann a ein Teiler von b ist. Nach Voraussetzung ist $b = b \cdot 1 \in b\mathbb{Z} \subseteq a\mathbb{Z}$, also gibt es eine Zahl $n \in \mathbb{Z}$, so dass $b = an$. Damit gilt $a \mid b$. $\square$

Beispiel Wir behaupten, dass für alle $m \in \mathbb{N}$ die Zahl $4^m + (-1)^{m+1}$ durch 5 teilbar ist. Wir zeigen diese Aussage mit vollständiger Induktion nach m.

Induktionsanfang: Für $m = 1$ ist $4^1 + (-1)^{1+1} = 5$ durch 5 teilbar.

Induktionsvoraussetzung: Wir nehmen an, dass für ein $m \in \mathbb{N}$ die Zahl $4^m + (-1)^{m+1}$ durch 5 teilbar ist, d.h. es gibt eine Zahl $n \in \mathbb{Z}$, so dass $4^m + (-1)^{m+1} = 5n$.

Induktionsschritt: Wir müssen zeigen, dass dann auch die Zahl $4^{m+1} + (-1)^{m+2}$ durch 5 teilbar ist. Mit Hilfe von Potenzgesetzen und der Induktionsvoraussetzung (IV) berechnen wir:

$$4^{m+1} + (-1)^{m+2} = 4 \cdot 4^m + (-1)^{m+2} \overset{(IV)}{=} 4(5n - (-1)^{m+1}) + (-1)^{m+2}$$
$$= 20n + 5(-1)^{m+2} = 5(4n + (-1)^{m+2}).$$

Diese Zahl ist wie behauptet durch 5 teilbar und der Induktionsschritt ist gezeigt.

1.2 Division mit Rest

Wir kommen jetzt zu einem grundlegenden Verfahren für das Thema Teilbarkeit.

Satz 1.3 *(Division mit Rest) Seien $a, b \in \mathbb{Z}$, wobei $b \neq 0$. Dann gibt es eindeutig bestimmte Zahlen $q, r \in \mathbb{Z}$, so dass*

$$a = qb + r \quad und \quad 0 \leq r < |b|.$$

Beweis Der Satz enthält zwei zu beweisende Aussagen, erstens die Existenz der Zahlen q und r und zweitens deren Eindeutigkeit.

(i) Wir beginnen mit der Existenz. Wir betrachten die Menge $M = \{a - qb \mid q \in \mathbb{Z}\}$. Da b ungleich 0 ist, gibt es nicht-negative Zahlen in M, d. h. $M \cap \mathbb{N}_0 \neq \emptyset$. Sei $r \in M \cap \mathbb{N}_0$ das kleinste Element (jede nicht leere Teilmenge von $\mathbb{N}_0$ besitzt ein kleinstes Element). Da $r \in M$ ist, gibt es eine Zahl $q \in \mathbb{Z}$, so dass $r = a - qb$ bzw. $a = qb + r$. Außerdem ist einerseits $0 \leq r$, da nach Definition $r \in \mathbb{N}_0$ ist und andererseits ist $r < |b|$, denn sonst wäre $r - |b| \in M \cap \mathbb{N}_0$, was aber der Wahl von r als kleinstem Element widerspricht. Insgesamt erhalten wir also

$$a = qb + r \quad und \quad 0 \leq r < |b|,$$

und die Existenz ist gezeigt.

(ii) Wir zeigen jetzt, dass die Zahlen q, r aus Teil (i) eindeutig bestimmt sind. Angenommen, es gäbe zwei solche Zerlegungen

$$a = qb + r \ \text{ mit } 0 \leq r < |b| \quad und \quad a = q'b + r' \ \text{ mit } 0 \leq r' < |b|.$$

Gleichsetzen der beiden Ausdrücke liefert

$$(q - q')b = qb - q'b = (a - r) - (a - r') = r' - r.$$

Für die Beträge folgt dann

$$|q - q'| \cdot |b| = |r' - r| < |b|,$$

wobei die Ungleichung gilt, da $0 \le r < |b|$ und $0 \le r' < |b|$ und damit auch der Betrag der Differenz in dem Intervall von 0 bis $|b| - 1$ liegen muss. Aus dieser Ungleichung folgt $|q - q'| = 0$, also $q = q'$, und dann auch $r = a - qb = a - q'b = r'$. Damit ist die Eindeutigkeit der Zahlen q und r gezeigt. $\qquad\Box$

Beispiel Die Zahlen q und r lassen sich mit schriftlicher Division berechnen (oder mit dem Taschenrechner). Zum Beispiel ergibt sich für $a = 1111$ und $b = 78$ als Division mit Rest

$$1111 = 14 \cdot 78 + 19$$

also $q = 14$ und $r = 19$.

Definition 1.4 (Größter gemeinsamer Teiler) Seien $a, b \in \mathbb{Z}$.

(i) Eine Zahl $d \in \mathbb{Z}$ heißt *gemeinsamer Teiler* von a und b, wenn $d \mid a$ und $d \mid b$.

(ii) Ein gemeinsamer Teiler d von a und b heißt *größter gemeinsamer Teiler* von a und b, wenn für alle gemeinsamen Teiler d' von a und b gilt, dass $d' \mid d$.

(iii) Die Zahlen a und b heißen *teilerfremd*, wenn 1 ein größter gemeinsamer Teiler von a und b ist.

Bemerkung

(1) Der größte gemeinsame Teiler ist nicht eindeutig, ist d ein größter gemeinsamer Teiler von a und b, so auch $-d$. Aber der größte gemeinsame Teiler ist eindeutig bis auf das Vorzeichen.
   (Begründung: Seien d und d' zwei größte gemeinsame Teiler von a und b. Insbesondere sind d und d' gemeinsame Teiler von a und b. Wenden wir Definition 1.4 (ii) einmal für d und einmal für d' an, so erhalten wir $d' \mid d$ und $d \mid d'$. Mit Satz 1.2 (vii) folgt dann $d = d'$ oder $d = -d'$, wie behauptet.)
   Wir bezeichnen im Folgenden mit $\mathrm{ggT}(a, b)$ stets einen nicht-negativen größten gemeinsamer Teiler von a und b.

(2) A priori ist nicht klar, dass $\mathrm{ggT}(a, b)$ für alle $a, b \in \mathbb{Z}$ existiert. Hierfür verweisen wir auf Satz 1.6 unten.

Notation 1.5 Für Teilmengen $A, B \subseteq \mathbb{Z}$ setzen wir $A+B = \{a+b \mid a \in A, b \in B\}$.

Beispiel

(i) Es ist $2\mathbb{Z} + 3\mathbb{Z} = \mathbb{Z}$. Begründung: Die Inklusion $\subseteq$ ist klar. Umgekehrt lässt sich jede Zahl $m \in \mathbb{Z}$ schreiben als $m = 2(-m) + 3m \in 2\mathbb{Z} + 3\mathbb{Z}$, also gilt $2\mathbb{Z} + 3\mathbb{Z} \supseteq \mathbb{Z}$.

(ii) Es ist $6\mathbb{Z}+15\mathbb{Z} = 3\mathbb{Z}$. Begründung: Die Inklusion $\subseteq$ gilt, denn für alle $m, n \in \mathbb{Z}$ haben wir $6m + 15n = 3(2m + 5n) \in 3\mathbb{Z}$. Für die Inklusion $\supseteq$ beobachten wir, dass für alle $m \in \mathbb{Z}$ gilt: $3m = 6(-2m) + 15m \in 6\mathbb{Z} + 15\mathbb{Z}$.

Satz 1.6 *(Existenz des ggT und Bézout-Koeffizienten) Seien $a, b \in \mathbb{Z}$, wobei $a \neq 0$ oder $b \neq 0$.*

(a) *Es existiert ein kleinstes positives Element d in $a\mathbb{Z} + b\mathbb{Z}$.*

(b) *Für die Zahl d aus Teil (a) gilt $d\mathbb{Z} = a\mathbb{Z} + b\mathbb{Z}$. Insbesondere gibt es Zahlen $s, t \in \mathbb{Z}$, so dass $d = as + bt$. Solche Zahlen s, t nennen wir Bézout-Koeffizienten.*

(c) *Die Zahl d ist ein größter gemeinsamer Teiler von a und b.*

Beweis

(a) Es ist $(a\mathbb{Z} + b\mathbb{Z}) \cap \mathbb{N} \neq \emptyset$, da nach Voraussetzung a, b nicht beide gleich 0 sind. Also gibt es ein kleinstes Element $d \in (a\mathbb{Z} + b\mathbb{Z}) \cap \mathbb{N}$, d. h. eine kleinste positive Zahl in $a\mathbb{Z} + b\mathbb{Z}$. (Zur Erinnerung: jede nicht-leere Teilmenge der natürlichen Zahlen besitzt ein kleinstes Element.)

(b) Die zweite Aussage folgt sofort aus der ersten. Also müssen wir nur zeigen, dass $d\mathbb{Z} = a\mathbb{Z} + b\mathbb{Z}$ gilt.

Wir zeigen zunächst die Inklusion $\subseteq$. Da $d \in a\mathbb{Z} + b\mathbb{Z}$ ist, gibt es Zahlen $s, t \in \mathbb{Z}$, so dass $d = as + bt$. Dann gilt für alle $n \in \mathbb{Z}$ auch $dn = asn + btn \in a\mathbb{Z}+b\mathbb{Z}$. Aber dn ist ein beliebiges Element von $d\mathbb{Z}$, also folgt $d\mathbb{Z} \subseteq a\mathbb{Z}+b\mathbb{Z}$.

Wir zeigen jetzt die umgekehrte Inklusion $\supseteq$. Sei $m = as' + bt' \in a\mathbb{Z}+b\mathbb{Z}$ ein beliebiges Element. Division mit Rest (vgl. Satz 1.3) liefert Zahlen $q, r \in \mathbb{Z}$ mit

$$m = qd + r \text{ und } 0 \leq r < |d| = d.$$

Wir betrachten den Ausdruck $r = m - qd$ genauer. Der Rest r ist in $\mathbb{N}_0$. Andererseits ist $m \in a\mathbb{Z} + b\mathbb{Z}$ nach Voraussetzung und $qd \in a\mathbb{Z} + b\mathbb{Z}$ nach der bereits gezeigten Inklusion $\subseteq$. Eine kleine Überlegung zeigt, dass

$a\mathbb{Z} + b\mathbb{Z}$ unter Addition und Subtraktion abgeschlossen ist, also folgt, dass $r = m - qd \in a\mathbb{Z} + b\mathbb{Z}$ ist.

Zusammen haben wir dann $r \in (a\mathbb{Z} + b\mathbb{Z}) \cap \mathbb{N}_0$. Aber für den Rest gilt $r < d$ und nach Definition ist d die kleinste Zahl in $(a\mathbb{Z} + b\mathbb{Z}) \cap \mathbb{N}$. Damit muss $r = 0$ gelten. Daraus folgt dann $m = qd = dq \in d\mathbb{Z}$, also ist die Inklusion $\supseteq$ gezeigt.

(c) Wir benutzen die Definition 1.4. Nach Teil (b) gilt

$$a\mathbb{Z} \subseteq a\mathbb{Z} + b\mathbb{Z} = d\mathbb{Z},$$

woraus mit Satz 1.2 (viii) folgt, dass $d \mid a$. Analog gilt $d \mid b$. Damit ist d ein gemeinsamer Teiler von a und b.

Sei d' ein beliebiger gemeinsamer Teiler von a und b. Nach Satz 1.2 (v) gilt dann auch $d' \mid a\tilde{s} + b\tilde{t}$ für alle $\tilde{s}, \tilde{t} \in \mathbb{Z}$. Insbesondere gilt dies für die Bézout-Koeffizienten aus Teil (b), d. h. $d' \mid as + bt = d$.

Damit haben wir die Eigenschaften aus Definition 1.4 gezeigt und d ist ein größter gemeinsamer Teiler von a und b, wie behauptet. $\qquad\square$

Beispiel Im Beispiel vor Satz 1.6 haben wir berechnet: $6\mathbb{Z} + 15\mathbb{Z} = 3\mathbb{Z}$. Aus Satz 1.6 folgt dann $\mathrm{ggT}(6, 15) = 3$.

Satz 1.7 *(Eigenschaften des ggT) Seien $a, b \in \mathbb{Z}$, wobei $a \neq 0$ oder $b \neq 0$. Dann gelten die folgenden Aussagen.*

(a) $\mathrm{ggT}(sa, sb) = |s| \cdot \mathrm{ggT}(a, b)$ für alle $s \in \mathbb{Z}$.

(b) Ist d ein gemeinsamer Teiler von a und b, so gilt

$$\mathrm{ggT}\left(\frac{a}{d}, \frac{b}{d}\right) = \frac{\mathrm{ggT}(a, b)}{|d|}.$$

(c) Ist $m \in \mathbb{Z}$ teilerfremd zu a und ist $m \mid ab$, so gilt $m \mid b$.

Beweis

(a) Nach Satz 1.6 ist $\mathrm{ggT}(sa, sb)$ die kleinste positive Zahl in

$$sa\mathbb{Z} + sb\mathbb{Z} = s(a\mathbb{Z} + b\mathbb{Z}).$$

Dies ist offenbar das $|s|$-fache der kleinsten positiven Zahl in $a\mathbb{Z} + b\mathbb{Z}$, also gilt $\mathrm{ggT}(sa, sb) = |s| \cdot \mathrm{ggT}(a, b)$.

(b) Wir benutzen Teil (a) und erhalten

$$\mathrm{ggT}(a, b) = \mathrm{ggT}\left(d \cdot \frac{a}{d}, d \cdot \frac{b}{d}\right) = |d| \cdot \mathrm{ggT}\left(\frac{a}{d}, \frac{b}{d}\right).$$

Da a, b nach Voraussetzung nicht beide 0 sind, ist $d \neq 0$ und Division durch $|d|$ liefert die Behauptung.

(c) Nach Voraussetzung sind a und m teilerfremd, d.h. es ist $\mathrm{ggT}(a, m) = 1$ (vgl. Definition 1.4 (iii)). Nach Satz 1.6 (b) gibt es Bézout-Koeffizienten $s, t \in \mathbb{Z}$, so dass $1 = sa + tm$. Multiplikation mit b liefert $b = sab + tmb$. Wir haben nun, dass $m \mid ab$ (nach Voraussetzung) und $m \mid tmb$ (klar). Dann gilt auch für die Summe, dass $m \mid sab + tmb = b$ (vgl. Satz 1.2 (v)), wie behauptet. $\square$

1.3   Der Euklidische Algorithmus

Wir haben jetzt schon einige wichtige Eigenschaften von größten gemeinsamen Teilern gesehen. Es bleibt aber die grundsätzliche Frage, wie man diese Zahlen konkret berechnet. Eigentlich haben wir mit Satz 1.6 den $\mathrm{ggT}(a, b)$ bereits bestimmt als die kleinste positive Zahl in $a\mathbb{Z} + b\mathbb{Z}$. Aber das ist für größere Zahlen völlig unpraktikabel. Wie sollen wir zum Beispiel die kleinste positive Zahl in $14351\,\mathbb{Z} + 12317\,\mathbb{Z}$ finden?

Wir lernen jetzt ein sehr wichtiges Verfahren zur Berechnung von größten gemeinsamen Teilern kennen, den **Euklidischen Algorithmus.** Grundlage für den Algorithmus ist das folgende Resultat über die größten gemeinsamen Teiler von Zahlen, die bei der Division mit Rest auftauchen.

Satz 1.8 *Seien $a, b \in \mathbb{Z}$. Für alle Zahlen $q, r \in \mathbb{Z}$ mit $a = qb + r$ gilt*

$$\mathrm{ggT}(a, b) = \mathrm{ggT}(b, r).$$

Beweis Zur Abkürzung setzen wir $d = \mathrm{ggT}(a, b)$ und $d' = \mathrm{ggT}(b, r)$. Die Strategie des Beweises ist, einmal zu zeigen, dass $d \mid d'$ und dann, dass $d' \mid d$. Dann sind d und d' bis auf ein Vorzeichen gleich (vgl. Satz 1.2 (vii)) und da beide nach Definition nicht-negativ sind, folgt $d = d'$, wie behauptet.

Wir zeigen zunächst, dass $d \mid d'$. Als größter gemeinsamer Teiler ist d ein gemeinsamer Teiler von a und b. Dann teilt d auch $a - qb = r$ (nach Satz 1.2 (v)), also ist d ein gemeinsamer Teiler von b und r. Da $d' = \mathrm{ggT}(b, r)$ ist, folgt $d \mid d'$ (vgl. Definition 1.4 (ii)).

Jetzt zeigen wir umgekehrt, dass $d' \mid d$. Als größter gemeinsamer Teiler ist d' ein gemeinsamer Teiler von b und r. Dann teilt d' auch $qb + r = a$ (nach Satz 1.2 (v)), also ist d' ein gemeinsamer Teiler von a und b. Da $d = \mathrm{ggT}(a, b)$ ist, folgt $d' \mid d$ (vgl. Definition 1.4 (ii)). $\qquad\square$

Beispiel Im Beispiel vor Definition 1.4 haben wir folgende Division mit Rest betrachtet:

$$1111 = 14 \cdot 78 + 19.$$

Mit Satz 1.8 folgt $\mathrm{ggT}(1111, 78) = \mathrm{ggT}(78, 19)$. Diesen Ansatz können wir wiederholen. Wir machen Division mit Rest von 78 durch 19, also $78 = 4 \cdot 19 + 2$ und Satz 1.8 liefert $\mathrm{ggT}(78, 19) = \mathrm{ggT}(19, 2)$. Eine weitere Division mit Rest $19 = 9 \cdot 2 + 1$ ergibt dann $\mathrm{ggT}(19, 2) = \mathrm{ggT}(2, 1) = 1$. Insgesamt haben wir also jetzt durch mehrfache Division mit Rest herausgefunden, dass $\mathrm{ggT}(1111, 78) = 1$ ist.

Das Vorgehen in diesem Beispiel führt uns zu dem angekündigten Verfahren zur Berechnung des größten gemeinsamen Teilers.

Satz 1.9 *(Euklidischer Algorithmus) Seien $a, b \in \mathbb{Z}$ und $b \neq 0$. Wir setzen $r_0 = a$, $r_1 = b$ und betrachten die folgende Kette von Divisionen mit Rest:*

$$\begin{aligned}
a &= q_1 b + r_2 & mit \ \ 0 < r_2 < |b| \\
b &= q_2 r_2 + r_3 & mit \ \ 0 < r_3 < r_2 \\
r_2 &= q_3 r_3 + r_4 & mit \ \ 0 < r_4 < r_3 \\
&\quad\ \vdots \\
r_{m-2} &= q_{m-1} r_{m-1} + r_m & mit \ \ 0 < r_m < r_{m-1} \\
r_{m-1} &= q_m r_m + 0
\end{aligned}$$

Dann gilt:

(a) *Das obige Verfahren bricht nach endlich vielen Schritten ab, d. h es gibt eine Zahl $m \in \mathbb{N}$, so dass $r_{m-1} = q_m r_m$.*

(b) *Es ist $\mathrm{ggT}(a, b) = r_m$, der letzte von 0 verschiedene Rest im obigen Verfahren.*

Beweis

(a) Falls $b \mid a$, so bricht das Verfahren im ersten Schritt ab und die Aussage in (a) gilt mit $m = 1$. Sei also jetzt $b \nmid a$. Dann ist $r_2 \neq 0$ und die Reste bilden eine echt absteigende Folge $r_2 > r_3 > \ldots$ von Zahlen aus $\mathbb{N}_0$. Nach endlich vielen Schritten muss man mit den Resten beim kleinsten Element 0 angekommen sein.

(b) Nach Satz 1.8 erhalten wir aus den Gleichungen im Euklidischen Algorithmus die folgende Kette von Gleichungen:

$$\mathrm{ggT}(a, b) = \mathrm{ggT}(b, r_2) = \mathrm{ggT}(r_2, r_3) = \mathrm{ggT}(r_3, r_4)$$
$$= \ldots = \mathrm{ggT}(r_{m-1}, r_m) = \mathrm{ggT}(r_m, 0) = r_m$$

und Teil (b) ist gezeigt. $\qquad\qquad\square$

Bemerkung 1.10 (Berechnung der Bézout-Koeffizienten) Mit dem Euklidischen Algorithmus lassen sich auch Bézout-Koeffizienten $s, t \in \mathbb{Z}$ in einer Darstellung

$$\mathrm{ggT}(a, b) = sa + tb$$

berechnen. Diese kann man erhalten, indem man die Gleichungen im Euklidischen Algorithmus von unten nach oben ineinander einsetzt und auflöst (Rückwärtseinsetzen). Ein konkretes Beispiel soll das jetzt anschaulich machen.

Beispiel Wir kommen zurück zur oben offen gebliebenen Frage, was der größte gemeinsame Teiler von $a = 14351$ und $b = 12317$ ist. Mit dem Euklidischen Algorithmus erhalten wir folgende Divisionen mit Rest:

$$14351 = 1 \cdot 12317 + 2034$$
$$12317 = 6 \cdot 2034 + 113$$
$$2034 = 18 \cdot 113 + 0.$$

Der ggT ist nach Satz 1.9 der letzte von 0 verschiedene Rest, also

$$\mathrm{ggT}(14351, 12317) = 113.$$

Wir berechnen nun noch Bézout-Koeffizienten (vgl. Bemerkung 1.10). In diesem Fall lautet die vorletzte Gleichung nach Umstellen

$$113 = 12317 - 6 \cdot 2034.$$

Den Faktor 2034 ersetzen wir durch die erste Gleichung und erhalten

$$113 = 12317 - 6 \cdot 2034 = 12317 - 6 \cdot (14351 - 1 \cdot 12317)$$
$$= (-6) \cdot 14351 + 7 \cdot 12317 = (-6) \cdot a + 7 \cdot b.$$

1.4   Primzahlen

Wir kommen jetzt zu den fundamentalen Bausteinen der natürlichen und der ganzen Zahlen, den Primzahlen.

Definition 1.11 (Primzahlen) Eine natürliche Zahl $p \in \mathbb{N}$ heißt *Primzahl,* wenn sie genau zwei natürliche Zahlen als Teiler hat, nämlich 1 und p. Notation: Mit $\mathbb{P}$ bezeichnen wir die Menge der Primzahlen.

Bemerkung

  (i)   1 ist keine Primzahl. (Denn die 1 hat nur einen Teiler in $\mathbb{N}$.)
 (ii)   2 ist die einzige gerade Primzahl.
(iii)   Die ersten Primzahlen sind

$$2, 3, 5, 7, 11, 13, 17, 19, 23, 29, 31, 37, 41, 43, 47, 53, 59, 61, 67, 71, 73, 79, 83, \dots$$

Satz 1.12 *Jede natürliche Zahl $n > 1$ besitzt einen* Primteiler, *d. h. eine Primzahl* $p \in \mathbb{P}$ *mit* $p \mid n$.

Beweis Wir argumentieren mit vollständiger Induktion nach n.

Für den Induktionsanfang $n = 2$ ist die Aussage korrekt, denn $2 \in \mathbb{P}$ hat sich selbst als Primteiler.

Als Induktionsvoraussetzung nehmen wir an, dass für ein $n \in \mathbb{N}$ die Aussage korrekt ist für alle Zahlen kleiner oder gleich n.

Im Induktionsschritt betrachten wir jetzt also die Zahl $n + 1$. Es gibt zwei Fälle.

Falls $n + 1 \in \mathbb{P}$, so hat $n + 1$ sich selbst als Primteiler und die Aussage ist korrekt.

Falls $n + 1 \notin \mathbb{P}$, so besitzt $n + 1$ nach Definition 1.11 einen Teiler $d \notin \{1, n + 1\}$. Nach Induktionsvoraussetzung hat d einen Primteiler p. Dies ist aber dann auch ein Primteiler von $n + 1$, und der Induktionsschritt ist gezeigt. $\qquad\square$

Aus der Definition ist erstmal gar nicht klar, wieviele Primzahlen es gibt. Zumindest hört die Liste von Primzahlen nicht irgendwann auf, wie das folgende berühmte Resultat zeigt, das meist Euklid zugeschrieben wird.

Satz 1.13 *Es gibt unendlich viele Primzahlen.*

Beweis Wir machen einen Beweis per Widerspruch. Angenommen, es gäbe nur endlich viele Primzahlen, etwa $\mathbb{P} = \{p_1, \ldots, p_r\}$. Dann betrachten wir die natürliche Zahl

$$n = 1 + p_1 \cdot p_2 \cdot \ldots \cdot p_r = 1 + \left(\prod_{i=1}^{r} p_i \right).$$

Nach Satz 1.12 besitzt n einen Primteiler $p \in \mathbb{P} = \{p_1, \ldots, p_r\}$. Damit ist p ein Teiler von n und von $\left(\prod_{i=1}^{r} p_i \right)$, also auch von der Differenz $n - \left(\prod_{i=1}^{r} p_i \right) = 1$. Das ist ein Widerspruch (keine Primzahl kann die 1 teilen). Also war unsere Annahme, es gäbe nur endlich viele Primzahlen, falsch, und der Satz ist bewiesen. $\qquad\square$

Die folgende Eigenschaft von Primzahlen ist fundamental für die Teilbarkeitstheorie.

Satz 1.14 *Seien $p \in \mathbb{P}$ eine Primzahl und $a, b \in \mathbb{Z}$. Ist $p \mid ab$, so folgt $p \mid a$ oder $p \mid b$.*

Beweis Falls $p \mid a$, ist die Aussage sicher korrekt. Sei also $p \nmid a$. Wir müssen zeigen, dass dann $p \mid b$ gilt.

Die Primzahl p hat nur ± 1 und $\pm p$ als ganzzahlige Teiler, und da $p \nmid a$, sind ± 1 die einzigen gemeinsamen Teiler von p und a. Also ist $\mathrm{ggT}(p, a) = 1$. Nach Satz 1.6 gibt es Bézout-Koeffizienten $s, t \in \mathbb{Z}$, so dass $1 = sp + ta$. Multiplikation mit b liefert $b = spb + tab$. Nach Voraussetzung ist p ein Teiler von ab, also auch von tab, und p ist sicher auch ein Teiler von spb. Dann teilt p auch die Summe $spb + tab$, also gilt $p \mid b$, wie behauptet. $\qquad\square$

Das folgende Resultat macht deutlich, in welchem Sinne die Primzahlen die Bausteine für alle ganzen Zahlen sind: jede ganze Zahl ungleich 0 lässt sich als ein Produkt von Primzahlen schreiben.

Satz 1.15 *(Primfaktorzerlegung) Sei $n \in \mathbb{Z} \setminus \{0\}$. Dann existieren eine Zahl $s \in \mathbb{N}_0$, paarweise verschiedene Primzahlen $p_1, \ldots, p_s \in \mathbb{P}$ und Zahlen $e_1, \ldots, e_s \in \mathbb{N}$, so dass*

$$n = \pm\, p_1^{e_1} p_2^{e_2} \cdots p_s^{e_s} = \pm \left(\prod_{i=1}^{s} p_i^{e_i} \right).$$

Beweis Es genügt, den Satz für natürliche Zahlen n zu beweisen (für negative Zahlen n kommt ein Minuszeichen vor die Zerlegung von $|n| \in \mathbb{N}$). Wir zeigen die Aussage des Satzes mit vollständiger Induktion nach n.

Für den Induktionsanfang $n = 1$ ist die Aussage korrekt mit $s = 0$ (dies entspricht dem leeren Produkt, das üblicherweise gleich 1 gesetzt wird).

Als Induktionsvoraussetzung nehmen wir an, dass für ein $n \in \mathbb{N}$ alle natürlichen Zahlen kleiner oder gleich n eine Primfaktorzerlegung haben.

Im Induktionsschritt betrachten wir die Zahl $n + 1$. Nach Satz 1.12 besitzt $n + 1$ einen Primteiler p. Falls $n + 1 = p$ selbst eine Primzahl ist, besteht die Primfaktorzerlegung aus dem einen Faktor p und wir sind fertig. Falls $n + 1$ keine Primzahl ist, betrachten wir die natürliche Zahl $\frac{n+1}{p}$. Da $p \geq 2$, ist diese Zahl kleiner oder gleich n. Wir können also die Induktionsvoraussetzung auf $\frac{n+1}{p}$ anwenden und erhalten eine Primfaktorzerlegung für $\frac{n+1}{p}$. Dann hat aber sicher auch $n + 1 = \frac{n+1}{p} \cdot p$ eine Primfaktorzerlegung und der Induktionsschritt ist gezeigt. $\qquad\square$

Bemerkung

(1) Die Primfaktorzerlegung einer Zahl wie in Satz 1.15 ist sogar eindeutig, bis auf die Reihenfolge der Faktoren. Dies lässt sich ebenfalls mit vollständiger Induktion zeigen, wird aber hier ausgelassen, da es im weiteren Verlauf nicht benötigt wird.

(2) Das Finden der Primfaktorzerlegung einer Zahl ist nicht immer möglich. Wir werden in Abschn. 2.3 Teilbarkeitsregeln behandeln, die dabei hilfreich sein können. Es gibt aber kein effizientes Verfahren zum Finden der Primfaktorzerlegung. Auf der Schwierigkeit, große Zahlen zu faktorisieren, beruht die Sicherheit vieler moderner Verschlüsselungsverfahren; mehr dazu in Abschn. 2.6.

(3) Falls man von zwei Zahlen die Primfaktorzerlegungen kennt, so lässt sich der größte gemeinsame Teiler wie folgt bestimmen. Seien $a = \pm\, p_1^{e_1} \cdot \ldots \cdot p_s^{e_s}$ und $b = \pm\, p_1^{f_1} \cdot \ldots \cdot p_s^{f_s}$, wobei wir $e_i, f_i \in \mathbb{N}_0$ erlauben, damit in beiden Produkten dieselben Primzahlen stehen. Dann ist

$$\mathrm{ggT}(a, b) = \prod_{i=1}^{s} p_i^{\min(e_i, f_i)}.$$

Für jeden Primteiler nimmt man also jeweils den kleineren der beiden Exponenten. Auf diese Weise wird manchmal der größte gemeinsame Teiler in der Schule berechnet.

Beispiel: Für $a = 32670 = 2 \cdot 3^3 \cdot 5 \cdot 11^2$ und $b = 5460 = 2^2 \cdot 3 \cdot 5 \cdot 7 \cdot 13$ ist

$$\mathrm{ggT}(a, b) = 2 \cdot 3 \cdot 5 = 30.$$

Modulare Arithmetik   2

Wir kommen nun zum Hauptthema dieses Büchleins, der modularen Arithmetik. Die Grundidee beim Rechnen modulo n ist es, die ganzen Zahlen in Klassen einzuteilen, wobei zwei Zahlen in derselben Klasse liegen, wenn sie bei Division durch n denselben Rest lassen. Dies führt zu völlig neuen Zahlbereichen mit endlich vielen Elementen und teilweise überraschenden Eigenschaften.

2.1   Kongruenzen und Rechnen mit Restklassen

Wir schauen uns Division mit Rest noch einmal an und fassen Zahlen zusammen, die bei Division durch eine natürliche Zahl $n \in \mathbb{N}$ denselben Rest lassen.

Definition 2.1 Sei $n \in \mathbb{N}$ und seien $a, b \in \mathbb{Z}$. Wir sagen a *ist kongruent zu* b *modulo* n, wenn $n \mid a - b$. Notation: $a \equiv b \bmod n$.

Beispiel

1. Sei $n = 2$. Dann ist $a \equiv b \bmod 2$ genau dann, wenn $2 \mid a - b$. Dies ist äquivalent dazu, dass a und b beide gerade oder beide ungerade sind.
2. Sei $n = 3$. Dann ist $a \equiv 0 \bmod 3$ genau dann, wenn a durch 3 teilbar ist, also $a \in \{0, \pm 3, \pm 6, \pm 9, \pm 12, \ldots\}$. Es ist $a \equiv 1 \bmod 3$ genau dann, wenn $3 \mid a - 1$ ist, also $a \in \{\ldots, -8, -5, -2, 1, 4, 7, 10, \ldots\}$. Es ist $a \equiv 2 \bmod 3$ genau dann, wenn $3 \mid a - 2$ ist, also $a \in \{\ldots, -7, -4, -1, 2, 5, 8, 11, \ldots\}$.

© Der/die Autor(en), exklusiv lizenziert durch Springer Fachmedien Wiesbaden   17
GmbH, ein Teil von Springer Nature 2020
T. Holm, *Modulare Arithmetik*, essentials,
https://doi.org/10.1007/978-3-658-31946-5_2

Bemerkung
1. Die Kongruenz $a \equiv b \bmod n$ bedeutet, dass a und b bei Division mit Rest durch n denselben Rest lassen.
   (Begründung. Wir schreiben $a = q_1 n + r_1$ mit $0 \leq r_1 < n$ und $b = q_2 n + r_2$ mit $0 \leq r_2 < n$. Dann ist $a - b = (q_1 - q_2)n + (r_1 - r_2)$. Die rechte Seite ist genau dann durch n teilbar, wenn $n \mid r_1 - r_2$. Da die Reste kleiner oder gleich n sind, gilt $-n < r_1 - r_2 < n$. In diesem Bereich ist aber nur eine Zahl durch n teilbar, also folgt $r_1 - r_2 = 0$, d. h. $r_1 = r_2$, wie behauptet.
2. Kongruenz modulo n ist eine Äquivalenzrelation auf der Menge $\mathbb{Z}$.
   (Begründung. Wir müssen die drei Eigenschaften reflexiv, symmetrisch, transitiv einer Äquivalenzrelation überprüfen.
   Für alle $a \in \mathbb{Z}$ gilt $n \mid 0 = a - a$, also ist $a \equiv a \bmod n$. Damit ist die Relation reflexiv.
   Sei $a \equiv b \bmod n$, d. h. $n \mid a - b$. Dann gilt auch $n \mid -(a - b) = b - a$ (vgl. Satz 1.2 (ii)), also $b \equiv a \bmod n$. Damit ist die Relation symmetrisch.
   Zum Beweis der Transitivität seien $a \equiv b \bmod n$ und $b \equiv c \bmod n$, d. h. $n \mid a - b$ und $n \mid b - c$. Dann teilt n auch die Summe, $n \mid (a - b) + (b - c) = a - c$. Also ist $a \equiv c \bmod n$ und die Relation ist transitiv.)

Eine der wichtigsten Eigenschaften von Äquivalenzrelationen ist, dass die zugrundeliegende Menge in paarweise disjunkte Äquivalenzklassen aufgeteilt wird. Für die Kongruenz modulo n schauen wir uns jetzt diese Äquivalenzklassen genauer an.

Definition 2.2 Seien $n \in \mathbb{N}$ und $a \in \mathbb{Z}$.

(a) Die *Restklasse von a modulo n* ist definiert als

$$[a]_n = \{b \in \mathbb{Z} \mid b \equiv a \bmod n\}.$$

Umformulieren liefert die alternative Notation

$$[a]_n = \{b \in \mathbb{Z} \mid n \text{ teilt } b - a\} = \{b \in \mathbb{Z} \mid b = a + nt \text{ für ein } t \in \mathbb{Z}\} = a + n\mathbb{Z}.$$

(b) Die Menge der Restklassen modulo n bezeichnen wir mit $\mathbb{Z}_n$. Es gilt also

$$\mathbb{Z}_n = \{[0]_n, [1]_n, \ldots, [n-1]_n\}.$$

(Die Restklassen sind gegeben durch die verschiedenen Reste bei Division mit Rest durch n, siehe obige Bemerkung.)

Beispiel Für $n = 2$ ist $\mathbb{Z}_2 = \{[0]_2, [1]_2\}$, wobei die Restklasse $[0]_2$ aus den geraden Zahlen besteht und die Restklasse $[1]_2$ aus den ungeraden Zahlen.

Die Menge $\mathbb{Z}_n$ der Restklassen modulo n soll zu einem Zahlbereich werden. Genauer wollen wir als Verknüpfungen eine Addition und eine Multiplikation auf $\mathbb{Z}_n$ einführen und im Anschluss die in diesem neuen Zahlbereich geltenden Rechenregeln herleiten. Die grundsätzliche Idee ist, die Addition und Multiplikation aus den ganzen Zahlen zu benutzen, aber das Ergebnis jeweils modulo n zu reduzieren.

Satz 2.3 *(Rechnen mit Restklassen) Sei $n \in \mathbb{N}$.*

(a) *Wir definieren auf der Menge $\mathbb{Z}_n$ der Restklassen modulo n eine Addition und eine Multiplikation wie folgt:*

$$+ : \mathbb{Z}_n \times \mathbb{Z}_n \to \mathbb{Z}_n \,, \quad [a]_n + [b]_n = [a + b]_n,$$

$$\cdot : \mathbb{Z}_n \times \mathbb{Z}_n \to \mathbb{Z}_n \,, \quad [a]_n \cdot [b]_n = [ab]_n.$$

(b) *Die Verknüpfungen aus (a) sind wohldefiniert, d. h. unabhängig von der Wahl der Repräsentanten in den Restklassen.*

Bevor wir den Satz beweisen, wollen wir an Beispielen illustrieren, was hinter dem Begriff der Wohldefiniertheit steckt. Es ist wichtig, daran zu denken, dass die Elemente in $\mathbb{Z}_n$ keine ganzen Zahlen sind, sondern Restklassen modulo n, von denen jede aus unendlich vielen ganzen Zahlen besteht.

Beispiel Wir rechnen modulo $n = 7$. Es ist $\mathbb{Z}_7 = \{[0]_7, [1]_7, [2]_7, [3]_7, [4]_7, [5]_7, [6]_7\}$. Aber jede Restklasse kann auch durch eine andere Zahl repräsentiert werden, zum Beispiel ist

$$[3]_7 = [10]_7 = [17]_7 = [-4]_7 = [-11]_7,$$

denn 3, 10, 17, -4 und -11 liegen alle in derselben Restklasse modulo 7. Genauso haben wir

$$[4]_7 = [11]_7 = [18]_7 = [-3]_7 = [-10]_7,$$

weil diese Zahlen alle in der Restklasse der 4 modulo 7 liegen.

Addiert oder multipliziert man nun Restklassen mit den Verknüpfungen aus Satz 2.3, so darf das Ergebnis nicht davon abhängen, ob die Restklasse zum Beispiel als $[3]_7$ oder als $[-4]_7$ geschrieben wird (denn es ist ja dasselbe Element von $\mathbb{Z}_7$).

Wir machen einige Beispielrechnungen. Nach der Definition der Addition in $\mathbb{Z}_7$ ist

$$[3]_7 + [4]_7 = [3+4]_7 = [7]_7 = [0]_7 \quad \text{und} \quad [3]_7 \cdot [4]_7 = [3 \cdot 4]_7 = [12]_7 = [5]_7.$$

Wir können aber auch andere Repräsentanten derselben Restklasse wählen, zum Beispiel $[-4]_7 = [3]_7$ und $[18]_7 = [4]_7$. Für die Summe und das Produkt erhalten wir dann

$$[-4]_7 + [18]_7 = [-4+18]_7 = [14]_7 \quad \text{und} \quad [-4]_7 \cdot [18]_7 = [(-4) \cdot 18]_7 = [-72]_7.$$

Tatsächlich ist $[14]_7 = [0]_7$ und $[-72]_7 = [5]_7$, die Summe und das Produkt ist also nicht abhängig von der Wahl der Repräsentanten. Das ist das, was man als Wohldefiniertheit bezeichnet und was wir beim Beweis von Satz 2.3 allgemein zeigen müssen.

Beweis von Satz 2.3

(a) Dieser Teil enthält nur Definitionen, es ist nichts zu beweisen.
(b) Seien $a, a', b, b' \in \mathbb{Z}$ mit $[a]_n = [a']_n$ und $[b]_n = [b']_n$. Das bedeutet, dass $n \mid a' - a$ und $n \mid b' - b$, also existieren Zahlen $r, s \in \mathbb{Z}$, so dass $a' - a = rn$ und $b' - b = sn$. Für die Wohldefiniertheit der Addition und Multiplikation in $\mathbb{Z}_n$ müssen wir zeigen, dass $[a+b]_n = [a'+b']_n$ und $[ab]_n = [a'b']_n$. Für die Addition gilt

$$a' + b' = a + rn + b + sn = (a+b) + (r+s)n,$$

also $n \mid (a'+b') - (a+b)$. Nach Definitionen 2.1 und 2.2 folgt $[a+b]_n = [a'+b']_n$, wie behauptet. Analog gilt für die Multiplikation, dass

$$a'b' = (a+rn)(b+sn) = ab + (as + rb + rsn)n,$$

also $n \mid a'b' - ab$ und es folgt $[ab]_n = [a'b']_n$. $\qquad\qquad \square$

Beispiel Wir geben die Additions- und die Multiplikationstafel für den Zahlbereich $\mathbb{Z}_4$ an.

$+$	$[0]_4$	$[1]_4$	$[2]_4$	$[3]_4$
$[0]_4$	$[0]_4$	$[1]_4$	$[2]_4$	$[3]_4$
$[1]_4$	$[1]_4$	$[2]_4$	$[3]_4$	$[0]_4$
$[2]_4$	$[2]_4$	$[3]_4$	$[0]_4$	$[1]_4$
$[3]_4$	$[3]_4$	$[0]_4$	$[1]_4$	$[2]_4$

$\cdot$	$[0]_4$	$[1]_4$	$[2]_4$	$[3]_4$
$[0]_4$	$[0]_4$	$[0]_4$	$[0]_4$	$[0]_4$
$[1]_4$	$[0]_4$	$[1]_4$	$[2]_4$	$[3]_4$
$[2]_4$	$[0]_4$	$[2]_4$	$[0]_4$	$[2]_4$
$[3]_4$	$[0]_4$	$[3]_4$	$[2]_4$	$[1]_4$

Im weiteren Kapitel werden wir viele Eigenschaften und Anwendungen der neuen Zahlbereiche $\mathbb{Z}_n$ kennenlernen. Zunächst schauen wir uns an, welche Rechenregeln in diesen Zahlbereichen gelten. Da die Addition und Multiplikation in $\mathbb{Z}_n$ definiert ist als Addition und Multiplikation in $\mathbb{Z}$ und anschließender Reduktion modulo n, übertragen sich die die meisten Rechenregeln von den ganzen Zahlen (vgl. Beginn von Kap. 1) auf die neuen Zahlbereiche.

Satz 2.4   *(Rechenregeln in $\mathbb{Z}_n$) Sei $n \in \mathbb{N}$. Die Menge $\mathbb{Z}_n$ der Restklassen modulo n mit der Addition und Multiplikation aus Satz 2.3 erfüllt die folgenden Rechenregeln für alle $[a]_n, [b]_n, [c]_n \in \mathbb{Z}_n$.*

(R1) $[a]_n + ([b]_n + [c]_n) = ([a]_n + [b]_n) + [c]_n$ *(Addition ist assoziativ).*
(R2) $[a]_n + [b]_n = [b]_n + [a]_n$ *(Addition ist kommutativ).*
(R3)   *Es existiert eine Restklasse* $[0]_n \in \mathbb{Z}_n$, *so dass* $[a]_n + [0]_n = [a]_n = [0]_n + [a]_n$
         für alle $[a] \in \mathbb{Z}_n$ *(Neutralelement der Addition).*
(R4)   *Für jede Restklasse* $[a]_n \in \mathbb{Z}_n$ *existiert eine Restklasse* $-[a]_n \in \mathbb{Z}_n$, *so dass*
         gilt $[a]_n + (-[a]_n) = [0]_n = (-[a]_n) + [a]_n$ *(Inverse Elemente der Addition).*
(R5) $[a]_n \cdot ([b]_n \cdot [c]_n) = ([a]_n \cdot [b]_n) \cdot [c]_n$ *(Multiplikation ist assoziativ).*
(R6) $[a]_n \cdot [b]_n = [b]_n \cdot [a]_n$ *(Multiplikation ist kommutativ).*
(R7)   *Es existiert eine Restklasse* $[1]_n \in \mathbb{Z}_n$, *so dass* $[a]_n \cdot [1]_n = [a]_n = [1]_n \cdot [a]_n$
         für alle $[a]_n \in \mathbb{Z}_n$ *(Neutralelement der Multiplikation).*
(R8) $[a]_n \cdot ([b]_n + [c]_n) = ([a]_n \cdot [b]_n) + ([a]_n \cdot [c]_n)$ *und* $([a]_n + [b]_n) \cdot [c]_n =$
         $([a]_n \cdot [c]_n) + ([b]_n \cdot [c]_n)$ *(Distributivgesetze).*

Beweis   Da Addition und Multiplikation in $\mathbb{Z}_n$ durch die Addition und Multiplikation der Repräsentanten in $\mathbb{Z}$ definiert sind, folgen alle Rechenregeln (R1)-(R8) aus den entsprechenden Rechenregeln für $\mathbb{Z}$, die vor Definition 1.1 aufgelistet sind. Die Details der Argumentation werden den Leserinnen und Lesern als Übung empfohlen. $\square$

Bemerkung

1. Die Rechenregeln (R9), (R10) und (R11) übertragen sich ebenfalls auf $\mathbb{Z}_n$.
2. Wir geben gleich einige Beispiele zum Rechnen modulo n. Ein wichtiger Aspekt beim Rechnen in den Zahlbereichen $\mathbb{Z}_n$ ist, dass es die Rechenregeln aus Satz 2.4 erlauben, Summanden oder Faktoren separat modulo n zu reduzieren. Die Grundregel für das Rechnen modulo n lautet daher: reduzieren Sie immer so

früh wie möglich, um die auftauchenden Zahlen möglichst klein zu halten. Keinesfalls sollten Ausdrücke erst in $\mathbb{Z}$ komplett ausgerechnet und ganz am Ende modulo n reduziert werden.

Beispiel

1. *Welcher Rest bleibt bei Division mit Rest von 17^{341} durch 5?*
   Wir rechnen also modulo 5. Es ist vollkommen unpraktikabel, zunächst 17^{341} auszurechnen, das ist eine Zahl mit mehr 400 Dezimalstellen. Stattdessen nutzen wir die Rechenregeln aus Satz 2.4. Mit Hilfe der üblichen Potenzgesetze erhalten wir

$$17^{341} \equiv 2^{341} \equiv 2^{2 \cdot 170 + 1} \equiv (2^2)^{170} \cdot 2 \equiv (-1)^{170} \cdot 2 \equiv 2 \bmod 5.$$

   Der gesuchte Rest ist also 2.
2. *Welcher Rest entsteht bei Division mit Rest von 3^{3719} sdurch 8?*
   Es ist $3^2 = 9 \equiv 1 \bmod 8$, also

$$3^{3719} \equiv 3^{2 \cdot 1859 + 1} = (3^2)^{1859} \cdot 3^1 \equiv 1^{1859} \cdot 3 \equiv 3 \bmod 8.$$

   Es entsteht also Rest 3.
3. *Für alle $n \in \mathbb{N}$ ist $2^{5n+1} + 5^{n+2}$ durch 27 teilbar.*
   Zunächst beobachten wir, dass

$$2^{5n+1} \equiv 2 \cdot (2^5)^n \equiv 2 \cdot 32^n \equiv 2 \cdot 5^n \bmod 27.$$

   Damit ergibt sich für den gesamten Ausdruck:

$$2^{5n+1} + 5^{n+2} \equiv 2 \cdot 5^n + 5^2 \cdot 5^n \equiv (2 + 5^2) \cdot 5^n \equiv 27 \cdot 5^n \equiv 0 \bmod 27,$$

   also gilt $27 \mid 2^{5n+1} + 5^{n+2}$.
4. *Die letzte Ziffer der Dezimaldarstellung der vierten Potenz einer natürlichen Zahl ist 0, 1, 5 oder 6.*
   Wir betrachten eine beliebige natürliche Zahl a in Dezimaldarstellung,

$$a = a_r a_{r-1} \ldots a_2 a_1 a_0 \quad \text{mit Ziffern } a_i \in \{0, 1, \ldots, 9\}.$$

   Da uns die letzte Ziffer interessiert, rechnen wir modulo 10. Schreiben wir die Dezimaldarstellung mit Zehnerpotenzen aus, ergibt sich

$$a = a_r \cdot 10^r + \ldots + a_2 \cdot 10^2 + a_1 \cdot 10 + a_0 \equiv a_0 \bmod 10.$$

Für die vierte Potenz folgt dann $a^4 \equiv a_0^4 \bmod 10$. Jetzt gehen wir alle möglichen Ziffern durch und erhalten die Werte in der folgenden Tabelle

a_0	0	1	2	3	4	5	6	7	8	9
$a_0^4 \bmod 10$	0	1	6	1	6	5	6	1	6	1

und sehen, dass tatsächlich nur die Ziffern $0, 1, 5$ und 6 als letzte Ziffer einer vierten Potenz auftauchen können.

2.2 Inverse Restklassen

Eine wichtige Frage bei Zahlbereichen ist, welche Elemente bezüglich der Multiplikation invertierbar sind. (Zur Erinnerung: ein Element a eines Zahlbereichs heißt invertierbar, wenn es ein Element b in dem Zahlbereich gibt, so dass $a \cdot b = 1$.) Wir geben die invertierbaren Element in einigen bekannten Zahlbereichen an.

Zahlbereich	invertierbare Elemente
$\mathbb{N}$	$\{1\}$
$\mathbb{Z}$	$\{-1, 1\}$
$\mathbb{Q}$	$\mathbb{Q} \setminus \{0\}$
$\mathbb{R}$	$\mathbb{R} \setminus \{0\}$
$\mathbb{Z}_n$	?

Beispiel

1. In $\mathbb{Z}_4 = \{[0]_4, [1]_4, [2]_4, [3]_4\}$ sind nur die Elemente $[1]_4$ und $[3]_4$ invertierbar. (Dies erkennt man an der Multiplikationstafel von $\mathbb{Z}_4$ im Beispiel vor Satz 2.4. In der Tat findet sich nur in den Zeilen dieser beiden Elemente als Ergebnis der Multiplikation eine $[1]_4$.)
2. In $\mathbb{Z}_5 = \{[0]_5, [1]_5, [2]_5, [3]_5, [4]_5\}$ sind alle Elemente außer dem Nullelement $[0]_5$ invertierbar. (Die Restklasse der Null ist nicht invertierbar, da $[0]_5 \cdot [b]_5 = [0]_5$ für alle Restklassen $[b]_5 \in \mathbb{Z}_5$. Für die anderen Restklassen geben wir die inverse Restklasse an: $[1]_5 \cdot [1]_5 = [1]_5$, $[2]_5 \cdot [3]_5 = [1]_5$, $[4]_5 \cdot [4]_5 = [1]_5$.)

Der folgende Satz gibt eine vollständige Antwort zur Frage nach den invertierbaren Elementen in den Zahlbereichen $\mathbb{Z}_n$ und erklärt damit auch die Beobachtungen in den obigen Beispielen.

Satz 2.5 *(Invertierbare Elemente in $\mathbb{Z}_n$) Sei $n \in \mathbb{N}$ und $a \in \mathbb{Z}$. Die Restklasse $[a]_n$ ist genau dann in $\mathbb{Z}_n$ invertierbar (bezüglich Multiplikation), wenn $\mathrm{ggT}(a, n) = 1$ ist.*

Beweis Der Satz ist eine Äquivalenzaussage, es sind also zwei Richtungen (Implikationen) zu beweisen.

Sei zunächst $[a]_n$ in $\mathbb{Z}_n$ invertierbar, d.h. es gibt eine Restklasse $[b]_n \in \mathbb{Z}_n$, so dass

$$[ab]_n = [a]_n \cdot [b]_n = [1]_n.$$

Anders gesagt ist $ab \equiv 1 \bmod n$, also gilt $n \mid ab - 1$ (vgl. Definition 2.1). Es gibt daher eine Zahl $r \in \mathbb{Z}$, so dass $ab - 1 = rn$. Sei d nun ein beliebiger gemeinsamer Teiler von a und n. Dann teilt d auch $ab - rn = 1$. Es sind also $d = \pm 1$ die einzigen gemeinsamen Teiler von a und n und wir haben gezeigt, dass $\mathrm{ggT}(a, n) = 1$.

Für die umgekehrte Implikation sei nun $\mathrm{ggT}(a, n) = 1$. Nach Satz 1.6 gibt es Bézout-Koeffizienten $s, t \in \mathbb{Z}$, so dass

$$1 = \mathrm{ggT}(a, n) = as + nt.$$

Mit den Rechenregeln in $\mathbb{Z}_n$ aus Satz 2.4 erhalten wir

$$[1]_n = [as + nt]_n = [as]_n + [nt]_n = [a]_n \cdot [s]_n + [0]_n = [a]_n \cdot [s]_n,$$

also ist die Restklasse $[a]_n$ invertierbar in $\mathbb{Z}_n$. $\square$

Definition 2.6 Sei $n \in \mathbb{N}$. Die Menge

$$\mathbb{Z}_n^* = \{[a]_n \mid \mathrm{ggT}(a, n) = 1\} \subseteq \mathbb{Z}_n$$

enthält nach Satz 2.5 die invertierbaren Elemente von $\mathbb{Z}_n$. Die Elemente von $\mathbb{Z}_n^*$ heißen *prime Restklassen modulo n*. Die zu einer primen Restklasse $[a]_n \in \mathbb{Z}_n^*$ inverse Restklasse in $\mathbb{Z}_n^*$ bezeichnen wir mit $[a]_n^{-1}$.

Beispiel 1. Mit Satz 2.5 ergeben sich zum Beispiel folgende prime Restklassen.
$$\mathbb{Z}_6^* = \{[1]_6, [5]_6\}$$

$$\mathbb{Z}_7^* = \{[1]_7, [2]_7, [3]_7, [4]_7, [5]_7, [6]_7\}$$
$$\mathbb{Z}_8^* = \{[1]_8, [3]_8, [5]_8, [7]_8\}$$
$$\mathbb{Z}_9^* = \{[1]_9, [2]_9, [4]_9, [5]_9, [7]_9, [8]_9\}.$$

2. Sei $n \in \mathbb{N}$. Dann gilt:

$$\mathbb{Z}_n^* = \mathbb{Z}_n \setminus \{[0]_n\} \iff n \in \mathbb{P} \text{ ist eine Primzahl.}$$

(Nach Satz 2.5 sind genau dann alle Restklassen ungleich $[0]_n$ invertierbar, wenn n zu allen Zahlen kleiner als n teilerfremd ist. Dies ist aber genau dann der Fall, wenn n eine Primzahl ist.)

Bemerkung (Berechnung von inversen Restklassen) Im Beweis von Satz 2.5 haben wir gesehen, dass die inversen Restklassen gegeben sind durch Bézout-Koeffizienten. Zur Erinnerung: ist $\mathrm{ggT}(a, n) = 1$, so gibt es $s, t \in \mathbb{Z}$, so dass $1 = \mathrm{ggT}(a, n) = as + nt$. Modulo n ergibt sich dann $[1]_n = [a]_n \cdot [s]_n$, d.h. $[a]_n^{-1} = [s]_n$. Bézout-Koeffizienten lassen sich mit dem Euklidischen Algorithmus berechnen (durch Rückwärtseinsetzen, vgl. Bemerkung 1.10). Es ist nicht nötig, vorab zu prüfen, ob eine Restklasse invertierbar ist, denn das ergibt sich sowieso aus dem Euklidischen Algorithmus, je nachdem ob sich als Ergebnis $\mathrm{ggT}(a, n) = 1$ ergibt oder nicht.

Beispiel *Entscheiden Sie, ob die jeweilige Restklasse invertierbar ist und berechnen Sie ggf. die inverse Restklasse.*

1. Wir betrachten die Restklasse $[31]_{42} \in \mathbb{Z}_{42}$. Entsprechend der vorigen Bemerkung führen wir den Euklidischen Algorithmus für $n = 42$ und $a = 31$ aus.

$$42 = 1 \cdot 31 + 11$$
$$31 = 2 \cdot 11 + 9$$
$$11 = 1 \cdot 9 + 2$$
$$9 = 4 \cdot 2 + 1$$
$$2 = 2 \cdot 1 + 0.$$

Es ergibt sich, dass $\mathrm{ggT}(31, 42) = 1$, also ist die Restklasse $[31]_{42}$ invertierbar in $\mathbb{Z}_{42}$ (siehe Satz 2.5). Durch Rückwärtseinsetzen ermitteln wir Bézout-Koeffizienten.

$$1 = 9 - 4 \cdot 2 = (31 - 2 \cdot 11) - 4 \cdot (11 - 9) = 31 - 6 \cdot 11 + 4 \cdot 9$$
$$= 31 - 6 \cdot (42 - 31) + 4 \cdot (31 - 2 \cdot 11) = 11 \cdot 31 - 6 \cdot 42 - 8 \cdot 11$$
$$= 11 \cdot 31 - 6 \cdot 42 - 8 \cdot (42 - 31) = 19 \cdot 31 - 14 \cdot 42.$$

Modulo 42 ergibt sich $[1]_{42} = [19]_{42} \cdot [31]_{42}$, also ist $[31]_{42}^{-1} = [19]_{42}$.

2. Wir betrachten die Restklasse $[391]_{527}$. Der Euklidische Algorithmus hat die folgenden Schritte.

$$527 = 1 \cdot 391 + 136$$
$$391 = 2 \cdot 136 + 119$$
$$136 = 1 \cdot 119 + 17$$
$$119 = 7 \cdot 17 + 0.$$

Als Ergebnis ist $\mathrm{ggT}(391, 527) = 17 \neq 1$, d.h. die Restklasse $[391]_{527}$ ist nach Satz 2.5 nicht invertierbar in $\mathbb{Z}_{527}$.

2.3 Teilbarkeitsregeln

Bevor wir mit der Theorie der Restklassen fortfahren, wollen wir als Anwendung der Kongruenzrechnung einige Teilbarkeitsregeln präsentieren. Es geht also um die Frage, wie man an der Dezimaldarstellung einer Zahl erkennen kann, ob sie durch eine vorgegebene Zahl teilbar ist oder nicht. Einige dieser Regeln sind sicher aus der Schule bekannt, aber wir werden auch neue Regeln sehen.

Wir betrachten eine natürliche Zahl a in Dezimaldarstellung

$$a = a_r a_{r-1} \ldots a_2 a_1 a_0 \quad \text{mit Ziffern} \quad a_i \in \{0, 1, \ldots, 9\}.$$

Mit Zehnerpotenzen ausgeschrieben hat a also die Form

$$a = a_r \cdot 10^r + a_{r-1} \cdot 10^{r-1} + \ldots + a_2 \cdot 10^2 + a_1 \cdot 10 + a_0.$$

(i) *Teilbarkeit durch 3 bzw. 9.* Sei $d \in \{3, 9\}$. Für die Zehnerpotenzen gilt nach den Rechenregeln in $\mathbb{Z}_d$, dass

$$10^k \equiv 1^k \equiv 1 \bmod d \quad \text{für alle } k \in \mathbb{N}_0.$$

Also erhalten wir

$$a \equiv a_r \cdot 10^r + a_{r-1} \cdot 10^{r-1} + \ldots + a_2 \cdot 10^2 + a_1 \cdot 10 + a_0 \equiv \sum_{i=0}^{r} a_i \bmod d.$$

Auf der rechten Seite steht die Summe der Ziffern von a, die sogenannte *Quersumme* von a. Als Teilbarkeitsregel ergibt sich:

$$d \mid a \iff a \equiv 0 \bmod d \iff \sum_{i=0}^{r} a_i \equiv 0 \bmod d,$$

d. h. eine natürliche Zahl ist genau dann durch 3 bzw. 9 teilbar, wenn ihre Quersumme durch 3 bzw. 9 teilbar ist.

Zum Beispiel ist die Zahl $a = 2719842$ durch 3 (aber nicht durch 9) teilbar, weil ihre Quersumme $2 + 7 + 1 + 9 + 8 + 4 + 2 = 33$ durch 3 (aber nicht durch 9) teilbar ist.

(ii) *Teilbarkeit durch 4.* Für die Zehnerpotenzen gilt $10 \equiv 2 \bmod 4$ und $10^k \equiv 0 \bmod 4$ für alle $k \geq 2$. Damit erhalten wir

$$a \equiv a_r \cdot 10^r + \ldots + a_2 \cdot 10^2 + a_1 \cdot 10 + a_0 \equiv a_1 \cdot 10 + a_0 \bmod 4.$$

Der Ausdruck $a_1 \cdot 10 + a_0$ gibt die Zahl aus den letzten beiden Ziffern der Dezimaldarstellung von a, also erhalten wir als Teilbarkeitsregel: eine natürliche Zahl ist genau dann durch 4 teilbar, wenn die Zahl aus den letzten beiden Ziffern ihrer Dezimaldarstellung durch 4 teilbar ist.

(iii) *Teilbarkeit durch 7.* Die Teilbarkeit durch 7 ist etwas aufwendiger. Für die Zehnerpotenzen gilt

$$10^0 \equiv 1 \bmod 7, \ \ 10^1 \equiv 3 \bmod 7, \ \ 10^2 \equiv 3^2 \equiv 2 \bmod 7,$$

$$10^3 \equiv 3^3 \equiv 6 \equiv -1 \bmod 7, \ \ 10^4 \equiv 3^4 \equiv -3 \bmod 7,$$

$$10^5 \equiv 3^5 \equiv -2 \bmod 7, \ \ 10^6 \equiv 3^6 \equiv 1 \bmod 7.$$

Nach sechs Schritten wiederholen sich die Reste modulo 7, wobei sich schon nach drei Schritten die Reste bis auf ein Minuszeichen wiederholen. Das legt nahe, die Dezimaldarstellung in Sechserblöcke aufzuteilen, beginnend von hinten. Die Sechserblöcke teilen wir dann nochmal in Dreierblöcke, wobei wir abwechselndes (alternierendes) Vorzeichen haben. Mit Formeln ausgedrückt sieht das so aus:

$$a = a_r \cdot 10^r + a_{r-1} \cdot 10^{r-1} + \ldots + a_2 \cdot 10^2 + a_1 \cdot 10 + a_0$$

$$= \sum_{k \in \mathbb{N}_0} \left(\sum_{\ell=0}^{5} a_{6k+\ell} 10^{6k+\ell} \right) \qquad \text{(Einteilung in Sechserblöcke)}$$

$$= \sum_{k \in \mathbb{N}_0} \left(\sum_{\ell=0}^{5} a_{6k+\ell} 10^{\ell} \right) \qquad \text{(da } 10^6 \equiv 1 \bmod 7\text{)}$$

$$= \sum_{k \in \mathbb{N}_0} (-a_{6k+5} \cdot 10^2 - a_{6k+4} \cdot 10 - a_{6k+3} + a_{6k+2} \cdot 10^2 + a_{6k+1} \cdot 10 + a_{6k})$$

wobei in der letzten Gleichung in Dreierblöcke geteilt wird, da $10^3 \equiv -1 \bmod 7$.

Die Teilbarkeitsregel lautet dann wie folgt: wir bilden in der Dezimaldarstellung von a Dreierblöcke, von hinten beginnend. Diese dreistelligen Zahlen erhalten alternierende Vorzeichen. Dann ist a genau dann durch 7 teilbar, wenn diese alternierende Summe der Dreierblöcke durch 7 teilbar ist.

Das Verfahren illustrieren wir am Beispiel $a = 7124817$. Wir teilen diese Dezimaldarstellung in Dreierblöcke mit alternierendem Vorzeichen:

$$\underbrace{7}_{+} \ \underbrace{124}_{-} \ \underbrace{817}_{+} .$$

Dann bilden wir die Summe und betrachten diese modulo 7; hier erhalten wir:

$$7 - 124 + 817 \equiv 0 - 5 - 2 \equiv -7 \equiv 0 \bmod 7,$$

also ist a durch 7 teilbar.

(iv) *Teilbarkeit durch 11.* Für die Zehnerpotenzen gilt für alle $k \in \mathbb{N}_0$:

$$10^{2k} \equiv (-1)^{2k} \equiv 1 \bmod 11 \quad \text{und} \quad 10^{2k+1} \equiv (-1)^{2k+1} \equiv -1 \bmod 11.$$

Es folgt

$$a \equiv \sum_{i=0}^{r} a_i \cdot 10^i \equiv \sum_{i=0}^{r} (-1)^i a_i \bmod 11.$$

Die Zahl $\sum_{i=0}^{r} (-1)^i a_i$ nennen wir die *alternierende Quersumme* von a. Als Teilbarkeitskriterium erhalten wir

$$11 \mid a \iff a \equiv 0 \bmod 11 \iff \sum_{i=0}^{r} (-1)^i a_i \equiv 0 \bmod 11$$

d. h. a ist genau dann durch 11 teilbar, wenn die alternierende Quersumme von a durch 11 teilbar ist.

2.4   Der Chinesische Restsatz

In diesem Abschnitt beschäftigen wir uns mit dem gleichzeitigen Lösen von einfachen Gleichungen in den Zahlbereichen $\mathbb{Z}_n$.

Satz 2.7 *(Chinesischer Restsatz) Sei $k \in \mathbb{N}$ und seien $n_1, \ldots, n_k \in \mathbb{N}$ paarweise teilerfremd. Wir setzen $n = n_1 \cdot n_2 \cdot \ldots \cdot n_k$.*

(a) Seien $b_1, \ldots, b_k \in \mathbb{Z}$ beliebig. Das System von simultanen Kongruenzen

$$x \equiv b_1 \bmod n_1 \,, \quad x \equiv b_2 \bmod n_2 \,, \quad \ldots \,, \quad x \equiv b_k \bmod n_k \tag{2.1}$$

besitzt eine Lösung $x \in \mathbb{Z}$. Diese Lösung ist eindeutig bestimmt modulo n und alle Lösungen von (2.1) sind gegeben durch die Zahlen in der Restklasse $[x]_n$.

(b) Die Abbildung

$$\Psi : \mathbb{Z}_n \to \mathbb{Z}_{n_1} \times \ldots \times \mathbb{Z}_{n_k} \,, \quad [a]_n \mapsto ([a]_{n_1}, \ldots, [a]_{n_k})$$

ist bijektiv. Die Einschränkung auf die invertierbaren Restklassen liefert auch eine Bijektion

$$\Psi^* : \mathbb{Z}_n^* \to \mathbb{Z}_{n_1}^* \times \ldots \times \mathbb{Z}_{n_k}^* \,, \quad [a]_n \mapsto ([a]_{n_1}, \ldots, [a]_{n_k}).$$

Beweis

(a) Es gibt zwei Aussagen zu beweisen, erstens die Existenz einer Lösung $x \in \mathbb{Z}$ und zweitens die Eindeutigkeit dieser Lösung modulo dem Produkt n.

Wir beginnen mit der einfacheren Eindeutigkeit. Seien x und y Lösungen der simultanen Kongruenz (2.1). Für alle $j = 1, \ldots, k$ gilt also $n_j \mid x - b_j$ und $n_j \mid y - b_j$. Dann teilt n_j auch die Differenz, also

$$n_j \mid (x - b_j) - (y - b_j) = x - y \quad \text{für alle } j = 1, \ldots, k.$$

Aber nach Voraussetzung sind die n_j paarweise teilerfremd, daher gilt auch für das Produkt, dass $n \mid x - y$. (Zur Begründung sei zunächst $k = 2$ (für $k = 1$ ist die Aussage klar). Da $n_1 \mid x - y$, gibt es eine Zahl $\ell \in \mathbb{Z}$, so dass $x - y = n_1 \ell$. Dann gilt auch $n_2 \mid x - y = n_1 \ell$. Da aber n_1 und n_2 teilerfremd sind, folgt mit Satz 1.7 (c), dass $n_2 \mid \ell$, d.h. $\ell = n_2 \ell'$ für eine Zahl $\ell' \in \mathbb{Z}$. Einsetzen liefert $x - y = n_1 \ell = n_1 n_2 \ell'$, also $n_1 n_2 \mid x - y$. Für $k > 2$ argumentiert man dann induktiv.) Also ist $x \equiv y \bmod n$, und die Eindeutigkeit modulo n ist gezeigt. Für den Beweis der Existenz einer Lösung geben wir ein konkretes Berechnungsverfahren an. Für $j = 1, \ldots, k$ setzen wir $n'_j = \frac{n}{n_j}$. Da $n_1, \ldots, n_k$ nach Voraussetzung paarweise teilerfremd sind, gilt $\mathrm{ggT}(n_j, n'_j) = 1$ für alle $j = 1, \ldots, k$. Dann gibt es Bézout-Koeffizienten $r_j, r'_j \in \mathbb{Z}$, so dass

$$1 = \mathrm{ggT}(n_j, n'_j) = r_j n_j + r'_j n'_j \quad \text{für } j = 1, \ldots, k.$$

Wir setzen nun

$$x = \sum_{j=1}^{k} b_j r'_j n'_j \in \mathbb{Z}$$

und behaupten, dass dies eine Lösung der simultanen Kongruenz (2.1) ist. Dazu betrachten wir einen festen Index $\ell \in \{1, \ldots, k\}$. Für alle $j \neq \ell$ gilt $b_j r'_j n'_j \equiv 0 \bmod n_\ell$, da $n_\ell \mid n'_j$. Für $j = \ell$ gilt

$$b_j r'_j n'_j = b_\ell r'_\ell n'_\ell = b_\ell (1 - r_\ell n_\ell) = b_\ell - b_\ell r_\ell n_\ell \equiv b_\ell \bmod n_\ell.$$

Betrachten wir die Summe in der obigen Definition von x, so bleibt modulo n_ℓ also nur ein Summand ungleich 0 übrig, nämlich b_ℓ für $j = \ell$. Insgesamt ist also

$$x \equiv b_\ell \bmod n_\ell \quad \text{für alle } \ell = 1, \ldots, k,$$

d.h. x ist eine Lösung von (2.1), wie behauptet.

(b) Wir betrachten zunächst die Abbildung

$$\Psi : \mathbb{Z}_n \to \mathbb{Z}_{n_1} \times \ldots \times \mathbb{Z}_{n_k}, \quad [a]_n \mapsto ([a]_{n_1}, \ldots, [a]_{n_k}).$$

Für den Beweis müssen wir drei Aussagen zeigen.

(i) Ψ ist wohldefiniert, d.h. unabhängig von der Wahl des Repräsentanten in der Restklasse $[a]_n$.

Sei $[a]_n = [a']_n$, d.h. $n \mid a - a'$. Insbesondere gilt dann auch $n_j \mid a - a'$, also $[a]_{n_j} = [a']_{n_j}$ für alle $j = 1, \ldots, k$. Damit ist $\Psi([a]_n)) = \Psi([a']_n)$ und Ψ ist wohldefiniert.

(ii) Ψ ist surjektiv.

Zu einem beliebigen Element $([b_1]_{n_1}, \ldots, [b_k]_{n_k}) \in \mathbb{Z}_{n_1} \times \ldots \times \mathbb{Z}_{n_k}$ existiert nach Teil (a) ein $x \in \mathbb{Z}$ mit $[x]_{n_j} = [b_j]_{n_j}$ für alle $j = 1, \ldots, k$. Nach Definition von Ψ folgt $\Psi([x]_n) = ([x]_{n_1}, \ldots, [x]_{n_k}) = ([b_1]_{n_1}, \ldots, [b_k]_{n_k})$, d. h. jedes Element im Bildbereich wird getroffen und Ψ ist surjektiv.

(iii) Ψ ist injektiv.

Nach Teil (a) ist die Lösung $x \in \mathbb{Z}$ eindeutig bestimmt modulo n, d. h. jedes Element im Bildbereich hat höchstens ein Urbild und Ψ ist injektiv. (Alternativ kann man auch Elemente zählen. Es ist

$$|\mathbb{Z}_n| = n = n_1 \cdot \ldots \cdot n_k = |\mathbb{Z}_{n_1} \times \ldots \times \mathbb{Z}_{n_k}|$$

und da Ψ bereits surjektiv ist (siehe (ii)), muss Ψ auch injektiv sein.)

Aus (i)-(iii) folgt, dass Ψ bijektiv ist, wie behauptet.

Wir betrachten nun noch die Einschränkung Ψ^* von Ψ auf die Teilmenge $\mathbb{Z}_n^*$. Nach Definition 2.6 gilt

$$[a]_n \in \mathbb{Z}_n^* \iff \mathrm{ggT}(a, n) = 1$$
$$\iff \mathrm{ggT}(a, n_j) = 1 \quad \text{für alle } j = 1, \ldots, k$$
$$\iff [a]_{n_j} \in \mathbb{Z}_{n_j}^* \quad \text{für alle } j = 1, \ldots, k.$$

Der Bildbereich von Ψ^* ist also genau $\mathbb{Z}_{n_1}^* \times \ldots \times \mathbb{Z}_{n_k}^*$ und Ψ^* ist eine Bijektion, wie behauptet. $\qquad\qquad\square$

Beispiel *Bestimmen Sie alle Lösungen $x \in \mathbb{Z}$ der simultanen Kongruenz*

$$x \equiv 3 \bmod 5, \quad x \equiv 7 \bmod 9, \quad x \equiv 10 \bmod 14.$$

Wir folgen dem Verfahren im Beweis von Satz 2.7 (a). Der Satz ist anwendbar, da $n_1 = 5$, $n_2 = 9$ und $n_3 = 14$ paarweise teilerfremd sind. Mit obiger Notation ist $n = 5 \cdot 9 \cdot 14 = 630$ und $b_1 = 3$, $b_2 = 7$, $b_3 = 10$.

Wir setzen $n_1' = \frac{n}{n_1} = 126$, $n_2' = \frac{n}{n_2} = 70$ und $n_3' = \frac{n}{n_3} = 45$. Dann berechnen wir Bézout-Koeffizienten für n_j und n_j' (mit Euklidischem Algorithmus oder, weil die Zahlen recht klein sind, mit Ausprobieren):

$$j = 1: \quad 1 = \mathrm{ggT}(n_1, n_1') = \mathrm{ggT}(5, 126) = (-25) \cdot 5 + \underbrace{1}_{r_1'} \cdot 126$$

$$j = 2: \quad 1 = \mathrm{ggT}(n_2, n_2') = \mathrm{ggT}(9, 70) = (-31) \cdot 9 + \underbrace{4}_{r_2'} \cdot 70$$

$$j = 3: \quad 1 = \mathrm{ggT}(n_3, n_3') = \mathrm{ggT}(14, 45) = (-16) \cdot 14 + \underbrace{5}_{r_3'} \cdot 45.$$

Wie im Beweis von Satz 2.7 setzen wir dann

$$\begin{aligned} x &= b_1 r_1' n_1' + b_2 r_2' n_2' + b_3 r_3' n_3' = 3 \cdot 1 \cdot 126 + 7 \cdot 4 \cdot 70 + 10 \cdot 5 \cdot 45 \\ &= 378 + 1960 + 2250 = 4588. \end{aligned}$$

Nach Satz 2.7 (a) sind alle Lösungen in $\mathbb{Z}$ gegeben durch die ganzen Zahlen in der Restklasse $[x]_n = [4588]_{630} = [178]_{630}$, d. h. durch die Menge $\{178 + 630\, m \mid m \in \mathbb{Z}\}$.

2.5   Die Eulersche φ-Funktion

In diesem Abschnitt beschäftigen wir uns mit der Frage, wieviele prime Restklassen modulo n es gibt. Diese Anzahlen sind die Werte einer Funktion, die für die Mathematik, aber auch für moderne technische Anwendungen im Bereich Verschlüsselung, sehr wichtig ist.

Definition 2.8   Die *Eulersche φ-Funktion* ist die Abbildung

$$\varphi : \mathbb{N} \to \mathbb{N}, \quad \varphi(n) = |\{a \mid 1 \le a \le n \text{ und } \mathrm{ggT}(a, n) = 1\}|.$$

Nach Definition 2.6 ist $\varphi(n) = |\mathbb{Z}_n^*|$ die Anzahl der primen Restklassen modulo n.

Beispiel

1. Wir berechnen einige Funktionswerte der Eulerschen φ-Funktion.

n	1	2	3	4	5	6	7	8	9	10	11	12	13	14	15	16	17	18	19	20	...
$\varphi(n)$	1	1	2	2	4	2	6	4	6	4	10	4	12	6	8	8	16	6	18	8	...

2. Für alle Primzahlen p gilt $\varphi(p) = p - 1$. Dies folgt sofort aus Definition 2.8, denn alle Zahlen $1, 2, \ldots, p - 1$ sind zur Primzahl p teilerfremd (und p selbst nicht).

Werte der Eulerschen φ-Funktion sind für große Zahlen nicht leicht zu berechnen, selbst mit Computer-Hilfe nicht, wenn die Zahlen nur groß genug sind. Aber falls man von einer Zahl n die Primfaktorzerlegung kennt (was aber für große Zahlen auch ein schwieriges Problem ist), dann kann man $\varphi(n)$ mit Hilfe des Chinesischen Restsatzes berechnen, wie das folgende Resultat zeigt.

Satz 2.9 *Für die Eulersche φ-Funktion gelten folgende Formeln.*

(a) Ist $p \in \mathbb{P}$ eine Primzahl und $e \in \mathbb{N}$, so gilt

$$\varphi(p^e) = p^{e-1}(p - 1).$$

(b) Sind $n_1, \ldots, n_k \in \mathbb{N}$ paarweise teilerfremd, so gilt für das Produkt

$$\varphi(n_1 \cdot \ldots \cdot n_k) = \varphi(n_1) \cdot \ldots \cdot \varphi(n_k).$$

(c) Ist $n = \prod_{i=1}^{k} p_i^{e_i}$ die Primfaktorzerlegung einer natürlichen Zahl $n \geq 2$, so gilt

$$\varphi(n) = \prod_{i=1}^{k} p_i^{e_i - 1}(p_i - 1).$$

Beweis

(a) Wir zählen umgekehrt die zu p^e *nicht* teilerfremden Zahlen zwischen 1 und p^e. Da p eine Primzahl ist, sind dies genau die durch p teilbaren Zahlen. Dies sind

$$p, 2p, 3p, 4p, \ldots, (p^{e-1} - 2)p, (p^{e-1} - 1)p, (p^{e-1})p = p^e,$$

also genau p^{e-1} viele Zahlen. Da wir das Gegenteil von dem gezählt haben, was für $\varphi(p^e)$ gezählt wird, erhalten wir

$$\varphi(p^e) = p^e - p^{e-1} = p^{e-1}(p - 1).$$

(b) Nach Voraussetzung sind $n_1, \ldots, n_k$ paarweise teilerfremd und damit können wir den Chinesischen Restsatz anwenden. Satz 2.7 (b) liefert eine Bijektion

$$\mathbb{Z}^*_{n_1 \cdot \ldots \cdot n_k} \to \mathbb{Z}^*_{n_1} \times \ldots \times \mathbb{Z}^*_{n_k}.$$

Insbesondere gibt es im Definitions- und Bildbereich gleich viele Elemente und wir erhalten

$$\varphi(n_1 \cdot \ldots \cdot n_k) = |\mathbb{Z}^*_{n_1 \cdot \ldots \cdot n_k}| = |\mathbb{Z}^*_{n_1} \times \ldots \times \mathbb{Z}^*_{n_k}|$$
$$= |\mathbb{Z}^*_{n_1}| \cdot \ldots \cdot |\mathbb{Z}^*_{n_k}| = \varphi(n_1) \cdot \ldots \cdot \varphi(n_k).$$

(c) Die Primzahlpotenzen $p_1^{e_1}, \ldots, p_k^{e_k}$ in einer Primfaktorzerlegung sind paarweise teilerfremd, also gilt nach Teil (b) und Teil (a):

$$\varphi(n) = \varphi\left(\prod_{i=1}^{k} p_i^{e_i}\right) = \prod_{i=1}^{k} \varphi(p_i^{e_i}) = \prod_{i=1}^{k} p_i^{e_i-1}(p_i - 1),$$

wie behauptet. $\qquad\square$

Beispiel

1. Wir berechnen $\varphi(1000)$ mit Hilfe von Satz 2.9 und der leicht zu bestimmenden Primfaktorzerlegung $1000 = 10^3 = 2^3 \cdot 5^3$. Dann ist

$$\varphi(1000) = \varphi(2^3) \cdot \varphi(5^3) = 2^{3-1}(2 - 1) \cdot 5^{3-1}(5 - 1) = 4 \cdot 25 \cdot 4 = 400.$$

2. Wir wollen $\varphi(574992)$ berechnen. Dazu suchen wir zunächst die Primfaktorzerlegung von 574992, indem wir mit Hilfe der Teilbarkeitskriterien aus Abschn. 2.3 sukzessive Teiler abspalten.

   Die Zahl 574992 ist gerade, also dividieren wir solange durch 2, bis eine ungerade Zahl entsteht. Es ergibt sich $574992 = 2^4 \cdot 35937$.

   Jetzt versuchen wir andere Teilbarkeitsregeln, um den Faktor 35937 weiter zu zerlegen. Die Quersumme $3 + 5 + 9 + 3 + 7 = 27$ ist durch 9 teilbar, also ist 35937 durch 9 teilbar und es gilt $35937 = 3^2 \cdot 3993$. Der Faktor 3993 ist wiederum durch 3 teilbar und wir erhalten $35937 = 3^3 \cdot 1331$.

   Als Zwischenergebnis haben wir jetzt bereits $574992 = 2^4 \cdot 3^3 \cdot 1331$. Das ist noch nicht die Primfaktorzerlegung, denn 1331 ist keine Primzahl. Die alternierende Quersumme $-1 + 3 - 3 + 1 = 0$ ist durch 11 teilbar, also ist nach der

Teilbarkeitsregel für 11 aus Abschn. 2.3 die Zahl 1331 durch 11 teilbar. In der Tat ist $1331 = 11 \cdot 121 = 11 \cdot 11^2 = 11^3$.

Damit haben wir die Primfaktorzerlegung gefunden, nämlich

$$574992 = 2^4 \cdot 3^3 \cdot 11^3.$$

Jetzt können wir die Formeln aus Satz 2.9 benutzen, um den Wert der Eulerschen φ-Funktion zu berechnen:

$$\begin{aligned}
\varphi(574992) &= \varphi(2^4 \cdot 3^3 \cdot 11^3) = \varphi(2^4) \cdot \varphi(3^3) \cdot \varphi(11^3) \\
&= 2^{4-1}(2-1) \cdot 3^{3-1}(3-1) \cdot 11^{3-1}(11-1) \\
&= 8 \cdot 18 \cdot 1210 = 174240.
\end{aligned}$$

Wir werden jetzt zeigen, dass die Eulersche φ-Funktion auch für das schnelle und effiziente Rechnen in den Zahlbereichen $\mathbb{Z}_n$ sehr nützlich ist.

Satz 2.10 *(Euler) Sei $n \in \mathbb{N}$. Für alle Zahlen $a \in \mathbb{Z}$, die teilerfremd zu n sind, gilt*

$$a^{\varphi(n)} \equiv 1 \bmod n.$$

Beweis Nach Definition 2.8 gibt es genau $\varphi(n)$ prime Restklassen modulo n. Diese bezeichnen wir mit folgender Notation:

$$\mathbb{Z}_n^* = \{[a_1]_n, \ldots, [a_{\varphi(n)}]_n\}.$$

Nach Voraussetzung ist $\mathrm{ggT}(a, n) = 1$, also ist $[a]_n \in \mathbb{Z}_n^*$ eine der primen Restklassen. Wir multiplizieren jetzt jede prime Restklasse mit der festen Restklasse $[a]_n$, dies liefert eine Abbildung

$$f : \mathbb{Z}_n^* \to \mathbb{Z}_n^*, \quad f([a_i]_n) = [a]_n \cdot [a_i]_n \quad \text{für } i = 1, \ldots, \varphi(n).$$

Wir behaupten, dass f eine Bijektion ist. Es genügt zu zeigen, dass f injektiv ist, denn dann muss f auch surjektiv sein, weil Definitions- und Bildbereich von f gleich viele Elemente haben.

Um zu zeigen, dass f injektiv ist, seien $f([a_i]_n) = f([a_j]_n)$ gleiche Bilder. Nach Definition von f gilt also $[a]_n \cdot [a_i]_n = [a]_n \cdot [a_j]_n$. Aber $[a]_n \in \mathbb{Z}_n^*$ ist eine invertierbare Restklasse und Multiplikation der obigen Gleichung mit $[a]_n^{-1}$ liefert $[a_i]_n = [a_j]_n$. Also sind die Urbilder gleich und die Injektivität von f ist gezeigt.

Wir betrachten nun das Produkt P aller Elemente von $\mathbb{Z}_n^*$, einmal direkt und einmal als Produkt aller Bilder von f (was dasselbe ist, da f bijektiv ist, wie oben gezeigt, und da die Multiplikation in $\mathbb{Z}_n^*$ kommutativ ist). Dann haben wir

$$P = \prod_{i=1}^{\varphi(n)} [a_i]_n = \prod_{i=1}^{\varphi(n)} f([a_i]_n) = \prod_{i=1}^{\varphi(n)} [a]_n \cdot [a_i]_n = ([a]_n)^{\varphi(n)} \cdot \prod_{i=1}^{\varphi(n)} [a_i]_n = [a^{\varphi(n)}]_n \cdot P.$$

Aber $P = \prod_{i=1}^{\varphi(n)} [a_i]_n$ ist als Produkt von invertierbaren Restklassen auch eine invertierbare Restklasse, mit inverser Restklasse $P^{-1} = \prod_{i=1}^{\varphi(n)} [a_i]_n^{-1}$. Multiplikation der obigen Gleichung $P = [a^{\varphi(n)}]_n \cdot P$ mit P^{-1} liefert

$$[1]_n = [a^{\varphi(n)}]_n,$$

also $a^{\varphi(n)} \equiv 1 \bmod n$, wie behauptet. $\qquad\square$

Wir formulieren einen Spezialfall des Satzes von Euler noch einmal separat.

Satz 2.11 *(Kleiner Satz von Fermat) Sei $p \in \mathbb{P}$ eine Primzahl. Dann gilt:*

(i) Für alle $a \in \mathbb{Z} \setminus p\mathbb{Z}$ gilt $a^{p-1} \equiv 1 \bmod p$.
(ii) Für alle $a \in \mathbb{Z}$ gilt $a^p \equiv a \bmod p$.

Beweis

(i) Für alle $a \in \mathbb{Z} \setminus p\mathbb{Z}$ sind a und p teilerfremd (da p eine Primzahl ist), also folgt die Aussage direkt aus Satz 2.10, da $\varphi(p) = p - 1$ für $p \in \mathbb{P}$.
(ii) Für $a \notin p\mathbb{Z}$ folgt (ii) sofort aus (i) durch Multiplikation mit a. Für $a \in p\mathbb{Z}$ gilt die Kongruenz aber auch, da beide Seite kongruent zu 0 modulo p sind. $\quad\square$

Wir illustrieren die Nützlichkeit des Satzes von Euler für das Rechnen in den Zahlbereichen $\mathbb{Z}_n$ durch einige Beispiele. Insbesondere können Exponenten durch den Satz von Euler ohne viel Aufwand reduziert werden.

Beispiel

1. *Gesucht ist der kleinste Rest bei Division von 3^{4010} durch 2500.*
   Da 3 und 2500 teilerfremd sind, gilt nach dem Satz von Euler, dass

$$3^{\varphi(2500)} \equiv 1 \bmod 2500.$$

Um dies benutzen zu können, berechnen wir $\varphi(2500)$ (mit Satz 2.9):

$$\varphi(2500) = \varphi(25 \cdot 100) = \varphi(2^2 \cdot 5^4) = \varphi(2^2) \cdot \varphi(5^4)$$
$$= 2^{2-1}(2-1) \cdot 5^{4-1}(5-1) = 2 \cdot 125 \cdot 4 = 1000.$$

Also gilt nach dem Satz von Euler, dass $3^{1000} \equiv 1 \bmod 2500$. Mit Hilfe dieser Formel lässt sich der Exponent zerlegen und verkleinern:

$$3^{4010} = 3^{4000+10} = 3^{4000} \cdot 3^{10} = (3^{1000})^4 \cdot 3^{10} \equiv 1^4 \cdot 3^{10}$$
$$= 3^5 \cdot 3^5 = 243 \cdot 243 = 59049 \equiv 1549 \bmod 2500.$$

Bei der Division von 3^{4010} durch 2500 bleibt also Rest 1549.

2. *Gesucht sind die letzten beiden Ziffern der Dezimaldarstellung von 7^{222}.*
Die letzten beiden Ziffern der Dezimaldarstellung ergeben sich beim Rechnen modulo 100. Da 7 und 100 teilerfremd sind, gilt nach dem Satz von Euler

$$7^{\varphi(100)} \equiv 1 \bmod 100.$$

Es ist
$$\varphi(100) = \varphi(2^2 \cdot 5^2) = \varphi(2^2) \cdot \varphi(5^2) = 2 \cdot 5 \cdot 4 = 40,$$

also gilt $7^{40} \equiv 1 \bmod 100$. Dann erhalten wir

$$7^{222} = 7^{40 \cdot 5 + 22} = (7^{40})^5 \cdot 7^{22} \equiv 1^5 \cdot 7^{22} \bmod 100$$
$$= (7^4)^5 \cdot 7^2 = (2401)^5 \cdot 7^2 \equiv 1^5 \cdot 7^2 = 49 \bmod 100.$$

Die letzten beiden Ziffern der Dezimaldarstellung von 7^{222} sind also 49.
Eine Anmerkung noch zu diesem Beispiel. Am Schluss haben wir benutzt, dass $7^4 = 2401 \equiv 1 \bmod 100$ ist. Wenn wir das schon vorher beobachtet hätten, hätten wir die letzten beiden Ziffern der Dezimaldarstellung auch kürzer (und ohne den Satz von Euler) ausrechnen können:

$$7^{222} = 7^{4 \cdot 55 + 2} = (7^4)^{55} \cdot 7^2 \equiv 1^5 \cdot 7^2 \equiv 49 \bmod 100.$$

Der Satz von Euler liefert also nicht unbedingt den kleinsten Exponenten r, so dass $a^r \equiv 1 \bmod n$. Das Wichtige am Satz von Euler ist aber, dass er überhaupt einen solchen Exponenten liefert, denn im Allgemeinen hat man kaum eine Chance, einen solchen Exponenten durch Probieren zu finden.

2.6   Das RSA-Verfahren zur Verschlüsselung

In diesem Abschnitt wollen wir zeigen, wie die modulare Arithmetik in einem für
moderne Anwendungen wichtigen Verschlüsselungsverfahren benutzt wird.

Die grundlegende Situation in der *Kryptographie,* der Theorie der Verschlüsselung von Informationen, ist, dass eine Nachricht von einem Sender A zu einem
Empfänger B über einen Kanal übertragen werden soll, ohne dass ein Unbefugter
die Nachricht mitlesen kann. Da die Übertragungskanäle abgehört werden könnten,
versucht man, die Nachricht so zu verschlüsseln, dass nur der berechtigte Empfänger
die Nachricht entschlüsseln und lesen kann.

Die Geburtsstunde der modernen Kryptographie, der *Public-Key-Kryptographie,*
ist ein Artikel von W. Diffie und M. E. Hellman aus dem Jahr 1976. Die revolutio-
näre Idee der beiden: finde ein Verschlüsselungssystem, in dem aus der Kenntnis
der Verschlüsselungsfunktion e_k und des dazu benutzten Schlüssels k nicht mit rea-
lisierbarem Rechenaufwand (auch nicht mit den schnellsten Computern) die Entschlüsselungsfunktion d_k bestimmt werden kann. Falls so etwas existiert, können
e_k und k öffentlich bekannt gemacht werden!

Die grobe Struktur eines Public-Key-Verfahrens ist wie folgt. Jeder Teilnehmer T hat einen öffentlichen Schlüssel k_T und einen geheimen privaten Schlüssel
k_T'. Jeder andere Teilnehmer kann dem Teilnehmer T mit Hilfe des öffentlichen
Schlüssels k_T eine Nachricht schicken. Aber nur der berechtigte Empfänger T kann
die empfangene Nachricht mit Hilfe seines geheimen privaten Schlüssels wieder
entschlüsseln.

Der große Vorteil im Vergleich zu den klassischen Verschlüsselungsverfahren
ist, dass Sender und Empfänger nicht vorab einen geheimen Schlüssel austauschen
müssen.

Die entscheidende Frage, ob ein solches Verfahren tatsächlich realisierbar ist,
wurde kurze Zeit später in einem bahnbrechenden Artikel von R. Rivest, A. Sha-
mir und L. Adleman aus dem Jahr 1978 beantwortet. Das dort vorgeschlagene, nach
seinen Entdeckern benannte und bis heute für technische Anwendungen im Internet-
Zeitalter grundlegende Verfahren wollen wir jetzt in seinen Grundzügen vorstellen.
Der dabei entscheidende mathematische Input ist die modulare Arithmetik, insbesondere der Euklidische Algorithmus (Satz 1.9), der Chinesische Restsatz (Satz
2.7), die Eulersche φ-Funktion (Definition 2.8 und Satz 2.9) und der kleine Satz
von Fermat (Satz 2.11).

Das RSA-Verfahren

1. *Erzeugung der Schlüssel.* Jeder Teilnehmer T muss vorab seinen öffentlichen und seinen privaten Schlüssel erzeugen.

   (i) Der Teilnehmer T wählt zwei große Primzahlen p_T, q_T und berechnet das Produkt $n_T = p_T \cdot q_T$.

   (ii) Der Teilnehmer T berechnet $\varphi(n_T) = (p_T - 1)(q_T - 1)$.
   (Dies ist für T kein Problem mit Satz 2.9, da T die Primfaktorzerlegung von n_T kennt.)

   (iii) Der Teilnehmer T wählt zufällig eine Zahl $e_T \in \{2, \ldots, \varphi(n_T) - 1\}$, so dass $\mathrm{ggT}(e_T, \varphi(n_T)) = 1$.
   (Die Teilerfremdheit wird mit dem Euklidischen Algorithmus geprüft; sollte die zufällig gewählte Zahl e_T nicht teilerfremd zu $\varphi(n_T)$ sein, wird einfach die nächste Zufallszahl probiert.)

   (iv) Der Teilnehmer T berechnet die Zahl $d_T \in \{2, \ldots, \varphi(n_T) - 1\}$ mit

   $$[d_T e_T]_{\varphi(n_T)} = [1]_{\varphi(n_T)}.$$

   (Die Zahl d_T ist der kleinste Repräsentant der inversen Restklasse von $[e_T]_{\varphi(n_T)}$. Diese existiert, da $\mathrm{ggT}(e_T, \varphi(n_T)) = 1$ (vgl. Satz 2.5) und sie wird mit dem Euklidischen Algorithmus berechnet, siehe die Bemerkung am Ende von Abschn. 2.2.)
   Der öffentliche Schlüssel des Teilnehmers T ist dann das Paar $k_T = (n_T, e_T)$. Der geheime private Schlüssel ist $k_T' = d_T$.

2. *Verschlüsselung und Entschlüsselung.* Der Einfachheit halber nehmen wir als Alphabet für die Übermittlung der Nachrichten die Menge $\mathbb{Z}_{n_T}$.
   Verschlüsselung: Jeder Teilnehmer kann eine verschlüsselte Nachricht an den Teilnehmer T schicken mit Hilfe des öffentlichen Schlüssels k_T. Die Verschlüsselungsfunktion lautet

   $$e : \mathbb{Z}_{n_T} \to \mathbb{Z}_{n_T}, \ \ e([x]_{n_T}) = ([x]_{n_T})^{e_T}.$$

   Entschlüsselung: Empfängt der Teilnehmer T eine Nachricht, so benutzt er folgende Funktion zur Entschlüsselung, wobei der geheime private Schlüssel d_T benutzt wird:

   $$d : \mathbb{Z}_{n_T} \to \mathbb{Z}_{n_T}, \ \ d([y]_{n_T}) = ([y]_{n_T})^{d_T}.$$

Es bleiben zwei fundamentale Aspekte zu diskutieren. Einerseits, die *Korrektheit* des RSA-Verfahrens, d. h. warum der berechtigte Empfänger T nach der Entschlüsselung tatsächlich die Originalnachricht erhält. Andererseits, worauf die *Sicherheit* des RSA-Verfahrens begründet ist, d. h. warum ein potentieller Angreifer (wahrscheinlich) keine Chance hat, eine abgefangene Nachricht zu entschlüsseln.

Satz 2.12 *(Korrektheit des RSA-Verfahrens) Mit den obigen Notationen gilt für alle* $[x]_{n_T} \in \mathbb{Z}_{n_T}$, *dass* $(d \circ e)([x]_{n_T}) = [x]_{n_T}$, *d. h. die Hintereinanderausführung von Verschlüsselung und Entschlüsselung liefert wieder die Originalnachricht.*

Beweis Sei $[x]_{n_T} \in \mathbb{Z}_{n_T}$. Nach Definition der Abbildungen d und e liefert die Hintereinanderausführung

$$(d \circ e)([x]_{n_T}) = (([x]_{n_T})^{e_T})^{d_T} = ([x]_{n_T})^{d_T e_T}.$$

Zum Beweis des Satzes müssen wir also zeigen, dass

$$([x]_{n_T})^{d_T e_T} = [x]_{n_T}. \tag{2.2}$$

Nach dem Chinesischen Restsatz (Satz 2.7) gibt es eine Bijektion

$$\Psi : \mathbb{Z}_{n_T} \to \mathbb{Z}_{p_T} \times \mathbb{Z}_{q_T} \, , \quad [x]_{n_T} \mapsto ([x]_{p_T}, [x]_{q_T}).$$

Diese Bijektion ist mit der Multiplikation auf $\mathbb{Z}_{n_T}$ und der komponentenweisen Multiplikation auf $\mathbb{Z}_{p_T} \times \mathbb{Z}_{q_T}$ verträglich, d. h. für alle $[x]_{n_T}, [x']_{n_T} \in \mathbb{Z}_{n_T}$ gilt

$$\Psi([x]_{n_T} \cdot [x']_{n_T}) = \Psi([xx']_{n_T}) = ([xx']_{p_T}, [xx']_{q_T}) = ([x]_{p_T} \cdot [x']_{p_T}, [x]_{q_T} \cdot [x']_{q_T})$$
$$= ([x]_{p_T}, [x]_{q_T}) \cdot ([x']_{p_T}, [x']_{q_T}) = \Psi([x]_{n_T}) \cdot \Psi([x']_{n_T}).$$

Es genügt daher, die Behauptung (2.2) für das Bild von $[x]_{n_T}$ unter der Bijektion Ψ zu beweisen, d. h. wir müssen zeigen, dass

$$([x]_{p_T}, [x]_{q_T})^{d_T e_T} = ([x]_{p_T}, [x]_{q_T}),$$

was aufgrund der komponentenweisen Multiplikation gleichbedeutend ist mit

$$([x]_{p_T})^{d_T e_T} = [x]_{p_T} \quad \text{und} \quad ([x]_{q_T})^{d_T e_T} = [x]_{q_T}. \tag{2.3}$$

Aus Symmetriegründen genügt es, die erste Gleichung zu zeigen, für q_T geht das Argument völlig analog.

Falls $[x]_{p_T} = [0]_{p_T}$ ist, ist die Aussage klar, denn auf beiden Seiten der ersten Gleichung in (2.3) steht die Restklasse $[0]_{p_T}$. Sei also nun $[x]_{p_T} \neq [0]_{p_T}$. Dann gilt nach dem kleinen Satz von Fermat (Satz 2.11), dass

$$([x]_{p_T})^{p_T-1} = [1]_{p_T}. \tag{2.4}$$

Andererseits ist nach Konstruktion $[d_T e_T]_{\varphi(n_T)} = [1]_{\varphi(n_T)}$, also existiert eine Zahl $r \in \mathbb{Z}$, so dass

$$d_T e_T = 1 + r\,\varphi(n_T) = 1 + r(p_T - 1)(q_T - 1). \tag{2.5}$$

Zusammen ergibt sich dann

$$([x]_{p_T})^{d_T e_T} \overset{(2.5)}{=} ([x]_{p_T})^{1+r(p_T-1)(q_T-1)} = [x]_{p_T} \cdot ([x]_{p_T})^{r(p_T-1)(q_T-1)}$$

$$= [x]_{p_T} \cdot (([x]_{p_T})^{p_T-1})^{r(q_T-1)} \overset{(2.4)}{=} [x]_{p_T} \cdot ([1]_{p_T})^{r(q_T-1)} = [x]_{p_T}.$$

Damit ist die Korrektheit des RSA-Verfahrens gezeigt. $\qquad\square$

Wir kommen jetzt zur Sicherheit des RSA-Verfahrens. Bei der Entschlüsselungsfunktion d wird der geheime private Schlüssel d_T benutzt, wobei $[d_T e_T]_{\varphi(n_T)} = [1]_{\varphi(n_T)}$. Für den berechtigten Teilnehmer T ist die Berechnung von d_T kein Problem, da er die Primfaktoren von $n_T = p_T \cdot q_T$ und damit auch $\varphi(n_T) = (p_T - 1)(q_T - 1)$ kennt. Ohne Kenntnis der Primfaktoren von n_T kann ein Angreifer die Zahl $\varphi(n_T)$ nicht berechnen:

Satz 2.13 *(Sicherheit des RSA-Verfahrens) Seien $p_T, q_T \in \mathbb{P} \setminus \{2\}$ und sei $n_T = p_T \cdot q_T$. Dann sind folgende Aussagen äquivalent:*

(i) n_T und $\varphi(n_T)$ sind bekannt.
(ii) Die Primfaktoren von n_T sind bekannt.

Beweis Die Implikation $(ii) \implies (i)$ ist klar, denn $n_T = p_T \cdot q_T$ nach Voraussetzung und $\varphi(n_T) = (p_T - 1)(q_T - 1)$ nach Satz 2.9.

Es bleibt also die Implikation $(i) \implies (ii)$ zu zeigen. Wir nehmen an, wir kennen n_T und $\varphi(n_T)$. Es gilt

$$\varphi(n_T) = (p_T - 1)(q_T - 1) = p_T q_T - p_T - q_T + 1 = (n_T + 1) - (p_T + q_T).$$

Damit kennen wir die Summe $p_T + q_T = (n_T + 1) - \varphi(n_T)$ und somit auch das Polynom $X^2 - (p_T + q_T)X + n_T$. Die Nullstellen dieses Polynoms sind die gesuchten Zahlen p_T und q_T, denn

$$X^2 - (p_T + q_T)X + n_T = (X - p_T)(X - q_T)$$

und diese lassen sich mit den üblichen Lösungsformeln für quadratische Gleichungen leicht berechnen. Wir haben also gezeigt, dass man aus der Kenntnis von n_T und $\varphi(n_T)$ auch die Primfaktoren von n_T bestimmen kann. $\square$

Nach Satz 2.13 beruht die Sicherheit des RSA-Verfahrens also entscheidend darauf, dass die Faktorisierung großer Zahlen auch mit den schnellsten Computern nicht in realistischer Zeit durchführbar ist. Es ist tatsächlich kein schneller Algorithmus zum Faktorisieren bekannt, es ist aber auch bisher nicht bewiesen, dass solch ein Algorithmus nicht existieren kann.

Wir haben hier eine sehr vereinfachte Form des RSA-Verfahrens vorgestellt, um die grundlegenden mathematischen Konzepte klar zu machen. Für eine konkrete technische Umsetzung und Implementierung des RSA-Verfahrens sind noch zahlreiche weitere Sicherheitsaspekte zu beachten, um Angreifern keine Angriffsmöglichkeit zu bieten. Solche Fragen sind ein Thema des hochaktuellen Forschungsgebiets der Kryptographie, an der Schnittstelle von Mathematik, Informatik und Ingenieurswissenschaften.

Was Sie aus diesem *essential* mitnehmen können

- Die modulare Arithmetik liefert neue Zahlbereiche mit endlich vielen Elementen und teilweise überraschenden Eigenschaften, z. B. gilt $1 + 1 = 0$ in $\mathbb{Z}_2$.
- Der Euklidische Algorithmus ist das effiziente Verfahren zur Berechnung von größten gemeinsamen Teilern.
- Das Faktorisieren einer Zahl in Primfaktoren ist für große Zahlen nicht immer möglich, auch nicht mit den schnellsten Computern.
- Teilbarkeitsregeln für ganze Zahlen können mit Hilfe von modularer Arithmetik begründet werden.
- Die Eulersche φ-Funktion ist nützlich beim Rechnen in den Zahlbereichen $\mathbb{Z}_n$.
- Die modulare Arithmetik ist die mathematische Grundlage für viele Anwendungen im Computer- und Internet-Zeitalter.

© Der/die Herausgeber bzw. der/die Autor(en), exklusiv lizenziert durch Springer Fachmedien Wiesbaden GmbH, ein Teil von Springer Nature 2020
T. Holm, *Modulare Arithmetik*, essentials,
https://doi.org/10.1007/978-3-658-31946-5